所谓性格好，就是会做人

周刚／著

中国国际广播出版社

图书在版编目（CIP）数据

所谓性格好，就是会做人/周刚著. -- 北京：
中国国际广播出版社, 2017.8
ISBN 978-7-5078-4071-1

Ⅰ.①所… Ⅱ.①周… Ⅲ.①性格-通俗读物 Ⅳ.①B848.6-49

中国版本图书馆CIP数据核字(2017)第179933号

所谓性格好，就是会做人

著　　者　周刚
责任编辑　郭广
版式设计　华阅时代
责任校对　徐秀英

出版发行　中国国际广播出版社［010-83139469　010-83139489（传真）］
社　　址　北京市西城区天宁寺前街2号北院A座一层
　　　　　邮编：100055
网　　址　www.chirp.com.cn
经　　销　新华书店
印　　刷　三河市宏顺兴印刷有限公司

开　　本　710×1000　1/16
字　　数　180千字
印　　张　13.5
版　　次　2017年10月　北京第一版
印　　次　2017年10月　第一次印刷
定　　价　39.80元

CRI 中国国际广播出版社　欢迎关注本社新浪官方微博　官方网站 www.chirp.cn

前　言

你与成功只差一个好性格

性格是什么？性格是人内在的深层次的人格结构，每个人的性格都有不同的结构形式，因此通常也就有不同的表现形式，可以说五花八门、千差万别。

性格的这种千差万别，造成了做人的巨大差异性，而做人的差异性，又导致了各自命运的不同，这就是所谓的性格决定命运。有的人性格好，做人能屈能伸，知进知退，稳得住成功得意，经得起挫折失败，赢得起也输得起，最终跨越重重障碍，成就美好人生。

而有的人性格不完善，存在缺陷，做人不知进退，心胸狭窄，嫉妒成性，做事偏激，自己可以随意斥责别人，却不许别人说自己一句，最终造成人际关系紧张，甚至众叛亲离，如不知悔改，依旧我行我素，则必然会让自己的人生变得黯然失色。

性格与做人有着直接、必然的联系，性格是做人的决定性因素，做人做得好，受到认同，那么性格一定是相对完善的，这也就是平时我们说的性格好。事实证明，一个性格相对完善的人，一定懂得做人艺术，必然能够缔造出一个和谐的、有效的人际关系网，并能够长期维护好，最终借此成就自己。

由此可见，性格好的一个非常重要的表现特征就是看其是否会做人，做人是性格的社会化表达。看一个人为人处世如何，人际关系是否和谐、有效，就可以知道他的性格是否完善，哪方面存在性格缺陷。

社会上，很多看似能力一般的人，却取得了与他们能力不是很匹配的成功，认真剖析后可以得知他们的成功多半得益于他们拥有一个好性格，进一步说，正是他们的好性格让他们拥有了成功的基本要素：通达的人际关系、良好的机遇，再加上自己的坚持和努力，最终让他们踏上了成功的人生之路。

相反，那些有着超凡能力的人，本应取得人生的成功，却因为性格存在较大缺陷，最终与成功擦肩而过，套用现在流行的一句话：你与成功只差一个好性格。

本书深入剖析了性格与做人的辩证关系，努力做到：知其然又知其所以然，既指出了迷茫所在，又指明了一条出路。犹如于浩渺星空中，发现一颗指明方向的星。

目录
CONTENTS

●上篇

学会做人，从修炼好性格开始《《

第三章　学会做人，要懂得克服自己性格弱点

第四章　学会做人，要懂得塑造自己优质性格

●下篇

优化性格，在学会做人中修行《《

第五章　性格好的人，在做人上懂得宽容低调

第六章　性格好的人，在做人上懂得尊重感恩

第七章　性格好的人，在做人上懂得圆融沟通

◎上篇

学会做人，从修炼好性格开始

第一章

学会做人，先了解自己性格特征

性格是一个人天生的生存本钱，在生活和工作中能为自己带来和谐的人际关系、良好的发展机遇。了解自己的性格特征，才能完善性格，才能更好地开发自己的潜力，扬长避短，更好地适应社会，与人处好关系。

情绪特征：做人要有涵养

一个人能不能控制自己的情绪很重要。它不仅影响工作、影响生活，也影响心理品质和身体健康。情绪急躁、不稳定、忽喜忽怒、忽乐忽忧是性格不成熟的表现。

情绪是人对外界事物的内心体验，并由此产生肯定或否定的态度。一个人产生了情绪后，整个生活就笼罩上了特定的色彩。人与人的情绪差异是很大的。有的人情绪稳定，不轻易乱发脾气，而有的人情绪不稳定，经常乱发脾气。

一般情况下，人的情绪特征表现在强度、稳定性、持久性和主导心境四个方面。

情绪的强度表现为人受情绪感染和支配的程度，表现为情绪受意志控制的程度。比如，有些人的情绪常如钱塘江的春潮“涛似连天崩雪来”，不可遏止；有些人却常似“风乍起，吹皱一池春水”，平缓得很；有些人笑起来声振屋宇；有些人尽管内心乐滋滋的，面上却可以不露声色。

情绪的稳定性表现为情绪的起伏和波动程度。有一句俗话叫“小孩的脸，一刻三变”，刚刚还泪下数行，一会儿又破涕为笑，说明小孩的情绪是不稳定的。成人当然不至如此，但每个人的稳定程度也是有很大差异的。仅仅以为人处世为例，有人刚开始交谈时还心平气和，一旦听到哪句话不对心思，马上火冒三丈，怒不可遏，声嘶力竭起来。如果常有这种情况，就是一种情绪不稳定的表现。

情绪的持久性表现为情绪对身体、生活、学习、工作影响的久暂程度。比如，一次考试过后，一位同学得知自己的成绩优异，欣喜若狂，立志要更加发奋学习，但这种情绪很快就消逝了；另一位同学同样成绩优异，外表看似平静，但内心却很激动，而且这种沉稳化成了学习的持久动力。再如，一位同学受到批评后，悔恨交加，诅咒发誓，欲争取进步，但时过境迁，故态复萌；另一位同学却是牢牢记在心中，时时鞭策自己。

主导心境方面的特征是指一个人在情绪的稳定性和持久性方面表现出来的特定色彩。比如，有些人总是精神饱满，乐观愉快，遇到什么挫折，就像跌个跟头，爬起来，一复如初；有些人却老是精神委靡，悲观忧郁，就像《红楼梦》里的林黛玉那样，终日对窗长叹，以泪洗面，即便有什么喜事，也仅如一阵春风，很快就飘散了。

我们平时说做人要有点城府、有点涵养，其中多半是指对情绪的自我控制水平而言的。一个人能否有效地控制自己的处世方式和行为方式，与其能否管控自己的情绪有很大的关系。因为很多人遇事都好激动，“一时冲动”“怒不可遏”的事情时有发生，结果常常是“小不忍则乱大谋”。这样的人自然不是性格好的人，也不容易与人处好关系。

情绪是性格的外露，控制好自己的情绪，也就在一定程度上控制了自己的性格。所以，一定要努力管控自己的坏情绪，避免与人发生不必要的冲突。

行为特征：言行举止稳重而成熟

每个人都有自己独特的言行举止，这种个体的行为方式在活动中不断得到巩固、强化，并逐渐趋向稳定化，最后形成自己的行为习惯。

一个人对社会、对事业以及待人的态度，受着世界观、信念和期望的支配、制约，同时又直接规范、指导着一个人的行为，它们在人的性格结构中起着联结、媒介的作用。但一个人的世界观和态度体系最终都是要通过一个人的行为方式表现出来的。

一个人的态度与他的行为方式的内在联系，从小就表现出来了。心理学家们曾经设计过一个“拾柴禾”的实验。它是为了研究儿童的勇敢性而设计的。这个实验以保育院的40名小朋友为对象，在冬季的黑夜里进行的。实验者先把一些湿柴放在离宿舍不远的棚里，把另一些干柴放在较远的山沟里，然后要求被试者去拾柴来烤火取暖。这时实验者在一个屋子里观察孩子们的动静，发现有小部分勇敢者跑到山沟里去了；有些人说了一些埋怨的话；大部分人不敢走远，只到棚里去取湿柴禾。

从儿童的这些不同的行为表现中，可以看到他们不同性格的意志特征，有的是勇敢的，有的是动摇的，有的是畏缩的、图方便的，有的则是胆怯的。从这里可以看出，在儿童时期，内心特征和外在的行为表现是比较直接的、单一的，但随着一个人年龄和经历的发展，内在态度与外在行为方式的关系就越来越复杂了。

即便如此，随着个体的不断成熟，他（她）的行为方式不断明朗化，越来越能体现他（她）的独特风格，所谓“文如其人”“言如其人”“行如其人”，说的就是这种现象。所以我们根据一个人的行为方式去判断他的态度，是有一定可靠性的。

但行为方式与态度体系的联系又不是单一的、机械的，人的行为方式在向概括化方向发展的同时，又在不断地精确化和多样化。例如我们不仅可以根据一个人的笑声来判断他是否高兴，而且可以根据他笑的方式——是颔首微笑、喜上眉梢还是开怀大笑——知道他高兴的程度。这就是行为方式的精确化。

行为方式的多元化，说的是一个人同样的态度，由于对象不同、场合不同，其表现方式会有所不同。比如，别人摔坏了你一件玻璃器皿，他同你熟悉与否，你的态度会不一样；他是大人还是小孩，你的态度会不一样；他是有意还是无意，你的态度会不一样。如果你不问青红皂白，毫无节制地发泄自己的不愉快情绪，人们就要对你的修养打个问号。所以说，人的行为方式不仅反映着他的内心态度和性格特征，还反映着他的文明水准，这些都受到社会文化的制约。

行为方式会随着个体的成熟而不断丰富复杂，而在不同的人身上就更是千差万别了。同是一种态度，不同的人的行为方式不会相同。比如，对于别人的错误，有人可能当面指出，有人可能背后议论；同样是热情好客，一种人的表现可能是照顾周到、体贴入微，一种人的表现则可能是满面春风、盛情款待；同样是对人的同情与帮助，一种人可能是陪你吐露心曲，给你精神安慰和鼓励，另一种人则可能表面不露声色，却给以实际的物质帮助。

反之，具有不同态度的人的行为方式却可能相同。比如，对于不同的意见同样是默不作声，一个人的态度可能是不屑一顾，另一个人的态度则可能是不敢表示；同样是给你表扬，一个人真诚地赞许，希望你再接再厉，而另一个人很可能是虚伪地逢迎，希望博得你的好感。所以，发展自己行为方式的概括化一面，可形成自己的风格，做到表里一致；发展自己行为方式的精确化和多样化一面，则可使自己的性格面貌丰富多彩，更准确地反映世界和自身。

另外，对于别人，既要注意观察其态度系统与行为方式的特有联系，尊重其行为方式，防止误解，同时要善于明了态度与行为表现的曲折的联系形式，不要将别人的态度与行为简单地加以“对号入座”，以不断提高自己的生活能力和性格成熟度。

人的性格是藏不住的，它总会通过言谈举止和行为习惯表现出来。所以，要想有一个好性格，必须先修“内功”，后炼“外功”。所谓修“内功”就是修正自己内在的心理或心态。所谓炼“外功”就是磨砺和训练自己的言谈举止和行为习惯。如此看来，打造好性格也是一个“标本兼治”的过程。

态度特征：好人缘决定好命运

性格有个态度倾向的问题，它的特征是指在处理各种社会关系方面的性格特征，主要有以下三个方面：对社会、集体和他人的态度的特征——公而忘私或假公济私；忠心耿耿或三心二意；善于交际或行为孤僻；热爱团队或自私自利；礼貌待人或粗暴；正直或虚伪，富有同情心或冷酷无情，等等。对工作和学习的态度的特征——勤劳或懒惰，认真或马虎，细致或粗心，创新或墨守成规，节俭或浪费，等等。对自己的态度的特征——谦虚或骄傲；自尊或自卑；严于律己或放任，等等。你对人对己的态度如何，关系到你做人和事业的成败。

你如何待人待己是你的性格使然。你对自己持什么看法，对别人持什么看法，决定了你为人处世的基本行为倾向。也正是这种态度和倾向决定了你的人缘，也决定了你的命运。苏格拉底不但才高八斗，学富五车，著述丰富，而且广招门生，运用著名的启发式谈话法启迪青年智慧。同时，苏格拉底还具备学而不厌、虚怀若谷的品质。当人们惊叹他的学识渊博、智慧超群的时候，他却回答说：“我唯一知道的就是我自己的无知。”这是苏格拉底对自己的基本态度。

说到待人的态度，我国有一位与苏格拉底几乎是同时代的思想家孔子，他有一句名言：“己所不欲，勿施于人”，被称为世界十大名言之一。这里面确实有十分丰富的内涵。现在，我们先来分析对己的态度。

从如何待己上可以看出你的性格。所谓对己的态度，就是对自己的基本认识、基本评价和行为倾向。自谦还是自傲，可以说，是个体性格中对自身态度的第一个明显特征。大凡自视颇高、自以为是的人，不谦虚不用说，往往还喜欢吹嘘、标榜自己，他们不知道山外有山，楼外有楼，把荣誉看得比什么都重，结果反被荣誉的包袱压得喘不过气来。

但是，谦虚并不是毫无主见，人云亦云，甚至无原则地放弃自己的意见。谦虚是以服从真理为前提的。从心理学上说，这又涉及对自己态度的另一对明显特征：自信与自卑。

自信就是对自己的正确评价和对自己能力、见解的信念。坂本保之介是日本能力开发研究所所长，在小时候他一直被认为是脑子笨的学生，在中学一年级500名学生中，他名列第470名。初二年级后，他逐步赶了上来，进入了前10名。为什么在短短的时间内取得这么大的成绩呢？多年后他在回顾往昔的时候，深有感慨地说，是因为他的父亲帮助他克服了自卑感，树立了自信心。他的父亲经常对他说："你无论是下河捕鱼，还是上山捉鸟，都干得非常出色，这就证明你的头脑比一般人好；下围棋或下象棋的规则，我一教你，你马上就能学会。如果把这种精神用在学习上，学习成绩肯定会提高。"这样，他逐渐摆脱了过去一直束缚他的自卑绳索，经过刻苦努力，终于跨入著名学者之列。

自信心是人生重要的精神支柱和性格潜质，是成功的先导，而自卑则使人多愁善感、畏首畏尾，失去成功的希望。一位哲人曾说："自暴自弃，是一条永远腐蚀和啃噬心灵的毒蛇，它汲取心灵的新鲜血液，并在其中注入厌世和绝望的毒液。"培根对自卑的分析则是："灰心生失望，失望生动摇，动摇生失败。"事实也正是如此。近代物理学最重大的发现之一——"量子假说"，是德国物理学家普朗克首先提出的。但由于自卑胆怯，他不但没有发展这一假说，反而长时间对自己的发现抱怀疑态度。他在一封信中披露了自己的自卑怯懦心理："我生性喜欢平和，不愿进行任何吉凶未卜的冒险。"结果，本来可以同牛顿的万有引力说相媲美的一个发现，被他自己放弃了。

为什么有些人自信，有些人自卑呢？这取决于多种因素。第一，成功的经验。一个人的成功经验越多，他的期望也就越高，自信心也就越强。反之，一个人几次努力都失败了，就会怀疑自己的能力，在挫折中只盯住眼前的得失，形成自卑感，难以自拔。第二，外界的评价，特别是权威人士或家长、教师的评价。有些家长、教师对子女、学生的期望、抱负非但不给以支持和鼓励，还说他们是“好高骛远”，这当然对他们的自信心是一个打击。第三，导致自卑感最重要的原因还是自我评价的偏颇。有些人毫无根据地臆造出自己的许多弱点，有些人过分夸大自己的缺陷，总爱拿自己的短处比别人的长处，不能冷静地分析所受的挫折，正确对待自己的过失，结果自怨自艾，失去了自信心，形成了自卑感。

对社会的态度是一个人态度体系的基本内容，它影响、决定着一个人的其他态度特征，比如对事业、对集体、对人待己的态度。

社会态度是由认识和情感两种因素构成的。所谓对社会的正确认识，就是要认识到人是生活在社会关系中的，不可能脱离社会关系而存在；一个人对社会的贡献比起社会对他的恩泽来，总是微不足道的。社会的发展是以每一个个体的发展为前提的，个体的利益和社会的利益确会有矛盾的时候，但更多的还是统一的，它统一于个体为社会事业的追求和奋斗之中。

对社会态度的形成一般基于两个方面：一是基于对社会关系的认识，二是基于个人的经历。如果一个人的努力和追求能够得到社会的相应酬报，受到公正的对待，那么他就比较容易形成良好的社会情感，使个人的荣誉感和社会的荣誉感紧紧联系在一起。如果一个人的努力和追求没有得到公正的对待，甚至遭到误解和歧视，那他就可能形成消极、冷淡甚至对抗的社会情感，产生认知和情感的严重失调，对社会就会形成矛盾的或摇摆不定的态度。这就需要有正确的思考方法，才能克服这种情与理的失调现象。

心理的姿态决定你立世的姿态。态度是相互感染的，你对人持什么态度，别人也会对你持什么态度。从这一意义上说，好性格是由自己的好心态滋生出来的。而“不以物喜，不以己悲”，不仅是一种好心态，好性格，而且是一种崇高的好品格，应该说是最高层次的性格态度特征。

意志特征：努力做一个坚强的人

性格的意志调节特征可分为下面四个方面：

意志的自觉性——主要表现在你对自己的行为的目的，具有明确而深刻的认识，特别是能意识到自己行为的社会意义。意志的自制性——主要表现在善于主动地控制自己的言行。意志的果断性——能促使你在紧急情况下及时采取坚决的决定。意志的坚毅性——就是指在行动中坚持决定，百折不挠，顽强奋斗。

人们自觉地调节自己行为的心理过程叫意志过程，人们调节自己行为方式的自觉水平体现着意志的性格特征。

性格的意志特征，首先表现为对行为目标确定的程度。如有人办事有明确的目的和计划，有些人却凭一时感情冲动、五分钟的热度；有人有独立性，有自己的见解和主张；有人却人云亦云，易受他人的影响和暗示。

其次，表现为对行为的自觉控制水平。如有些人办事主动，能督促自己行动，同时又表现出节制，不断纠正自己行为的错误或偏差；有些人却懒于行事，缺乏自觉性，或者任性胡来，对自己无法约束。

再次，表现为对紧急状态或困难情况的应付。如在遇到特殊情况时，有人镇定自若、果敢明辨和敢担风险；有人却惊慌失措，拿不定主张且迟疑彷徨。

最后，表现为如何做出决定并加以贯彻执行。比如，有人持之以恒，有人却一曝十寒；有人灵活善变，有人执拗顽固等。

我们在生活中经常听说某某人是一个“性格坚强的人”，某某人是一个“性格软弱的人”……这里所说的“坚强”“软弱”等，实际上都是性格的意志特征。通常人们总是用一个人的意志特征代指他的性格特征，这不是没有道理。事实上，意志特征是一个人性格特征的主导倾向，是性格的核心内容。人类从洪荒时代的愚昧走向现代社会的文明，创造了无数物质财富和精神财富，也不断创造着自己的主观世界。人类的伟大实践体现了人类活动的目的性和顽强性，体现了人类特有的意志力。

现代科学发现，在比较高级的动物中，也可以表现出“灵性”，也就是具有简单的思维能力和意识，也可以有情感表现，甚至是非常丰富和动人的情感。但是，动物不可能在自然界打上自己意志的烙印，这只有人能够做到。一位伟大的思想家说过：“外部世界对人的影响表现在人的头脑中，反映在人的头脑中，成为感觉、思想、动机、意志，总之，成为‘理想的意图’，并且通过各种形态变成‘理想的力量’。”“理想的意图”在高级动物中可能也有所反映，可要变成“理想的力量”却只有人类才能实现。所以说，意志是“地球上最美的花朵”，是人类心理花园的一朵奇葩。

意志就是人们自觉地确定方向、调节行动、克服困难、实现目标的心理过程。人的行动可分为两个层次，第一个层次是无须意志努力的初级行动，第二个层次才是意志行动。意志对行动的调节表现在两个方面，一是引起或推动人去从事达到一定目的所必须的行动；二是抑制和制止与预定目的相矛盾的欲望和行动。

意志行动是人脑的高级机能，必须有第二信号系统——语言的参加。当一个人执行意志行动时，有声语言或无声语言都参与其中，起着命令、调节、制止等作用。一般年龄越小的人，有声语言越突出，下决心干什么，嘴上就讲什么；年龄越大，无声语言也就越占据主导地位。但当人们遇到特别大的困难，要克服很大的痛苦时，往往也以有声语言表达出来。所以，意志行动这种心理特征最能够反映人和动物的本质区别，反映成人与小孩调节和支配自己行动的能力差异，它也是反映我们性格坚强、成熟程度的最重要标志。

从个体心理的发展来说，强调意志在性格中的核心地位，也许更有现实意义。在人的一生中，不可能总是像散步那么自在，像看戏那样轻松。人生既不是平川纵马，也不是河滩嬉水，它是严峻的、曲折的、艰苦的历程。没有意志活动，人就会成为本能欲望的奴隶，就会被那些消极的情绪所控制，就会陷进那些不良生活习惯的泥淖而不能自拔。而一个人想要取得一点成绩，就要准备用顽强的意志去克服困难。

生活的事实告诉人们，成绩的大小与意志的强弱往往是成正比的。英国生物学家巴斯德为了弄清狂犬病的病源，克服了难以想象的困难，承受了三个孩子接连死去的打击，最后，自己的性命也差点搭进去。所以当有人问巴斯德成功的奥秘时，他回答得很干脆："告诉你我达到目标的奥秘吧，我唯一的力量就是我的坚持精神。"没有意志，热情可能流为浮躁；没有意志，诚实可能导致轻易的叛变；没有意志，理想可能流为空想；一切性格特征只有与良好的意志特征结合起来，才能放出夺目的光辉！

"你挑着担，我牵着马，迎来日出送走晚霞，踏平坎坷成大道，斗罢艰险又出发……"一听到这优美的歌声，就使人想到《西游记》中唐僧师徒 4 人西天取经的动人画面。历史上的"唐僧"，佛号玄奘法师。他 13 岁出家学习佛经，27 岁时只身一人离开长安，踏上了西天取经之路。一路上，他经历了数不清的磨难，跋涉险山恶水，顶着炎炎的烈日，忍着凛冽的寒风，面对毒蛇猛兽的袭击，身临缺粮断水的险境，终于冲破千难万阻，到达佛教胜地——印度，取回了真经。从取道西天到返回长安，他风风雨雨 17 载。上路之时，他还是个未过而立之年的青年人；返回之时，已是过不惑之年的中年人。17 年的磨炼和归国后的潜心专研，终于使他成为我国佛教史上一位著名的学者。

像唐僧这样自觉地确立西天取经的目的，排除取经途中的千难万阻，实现取经目标的心理活动过程，就是坚持性。用心理学的术语说，坚持是人们自觉地确定目的，并根据目的调节支配自己的行动，克服困难，以实现预定目的的心理过程，它是人的主观能动性的突出表现形式。人的意志活动，通常包含着决心、信心和恒心三个方面的心理因素。这三个心理因素之间，相互作用，相互渗透，共同影响着人的意志活动，影响着人的性格走向。

决心就是人们常说的“立志”，是指对自己所做决定的肯定并付诸实施的心理，它是意志行动的首要环节。我国学者陆九渊曾指出：“学者须先立志”，“无志则不能学，不学则不知道”。一般说来，决心包括确立行动的目标和选择达成目标的方式、方法。就唐僧而言，决心一是指他确立了研习佛经的目标；二是指他选择了去西天取经这一实现目标的途径。

信心也就是常说的自信心，是人们对自己能否成功地完成某项活动信任程度的心理特征。它既是人们下定决心的基础，又是人们实现决心的重要保证。唐僧之所以能满腔热忱地投入到西天取经中，就是因为他信心十足的缘故。心理学的研究表明，信心的树立，与人们成功的经历、他人对自己的期望和态度以及自己对自己的评价等因素息息相关。

恒心就是人们所说的“持之以恒”，是指人对事物的信念和对事业的理想所支持的心理动力系统。它既是信心的深化，又是实现决心的重要保证。人们在追求成功的过程中，即使信心十足，也难免经常遭遇到困难和失败的严重威胁，如果没有恒心的支持，其信心就很容易丧失，最终半途而废，一事无成。唐僧可以说满怀信心地踏上取经的征途，然而在 17 年的风雨漂泊之中，无以计数的艰难险阻不断向他袭来。正是因为有了恒心，他才能排除千难万险，取经回国，成为备受称赞的得道高僧。

一个人如果缺乏意志必然没有大的作为。有意志的人，性格才会坚强，做事才会执著不疲，持之以恒，同时，也才会更懂得生活的真谛。

意识特征：学会在适应中提升自我

人的性格是在长期生活实践中逐渐形成的，它一旦形成就比较稳定，但也不是一成不变的。它既然是在客观环境影响下形成的，那么环境的变化也必然能使它发生变化。例如，由于家庭娇生惯养，在父母的溺爱下成长的儿童，就可能形成怯懦、孤独的性格。但他进入学校后，由于更多地和社会交往，经过集体的熏陶，就可能使他原来的性格特征有显著变化。再如，一个活泼愉快的孩子，可能由于家庭政治、经济地位的突然变化，致使他精神上受到压抑，从此变得情绪低落，忧闷不乐。

意识的自我调节对性格的改造起重要作用。客观环境的影响要通过人的主观因素起作用。幼儿对客观现实的态度和行为方式没有定型，他们易受环境支配。当一个人的知识丰富了，对客观世界认识逐渐深化，形成了比较系统化的思想、理想、信念和世界观，这时为了适应环境，他的性格能够在自我调节中发展、改造。

性格的力量之一，正是体现在我们自身性格的改造和自我完善上，这正是人的主观能动性的可贵之处，也是区分性格好与不好的标准之一。我们有些人借口习惯成自然，借口"江山易改，本性难移"，而听任不良性格的发展，对自己的缺点和弱点采取姑息迁就的态度。这种态度实际上是最危险的敌人。改变自己的不好习惯和不良性格确实是困难的，有时甚至是痛苦的，但这是可以做到的。只要你真正下定决心，是没有改变不了的性格弱点的。

一个好的研究者的性格应该是：知道应该发挥哪些构想，而哪些构想应该丢弃，否则，会浪费很多时间在差劲的构想上。坚持是一种良好的品性，但在有些事上，过度的坚持，会导致更大的浪费。在人生的每一个关键时刻，审慎地运用智慧，做最正确的判断，选择正确方向，同时别忘了及时检视选择的角度，适时调整，丢掉无谓的固执。

一个人的性格存在问题，这可是一件大事，因为这种带有“问题的性格”，将会绊住你前行的双脚。因此我们必须睁大眼睛洞察阻碍自己性格的弱点，让自己的成功之路“通畅”起来。在此，我们将首先讨论坚持与固执两种性格的界线。也许你会奇怪，这还能成为一个问题吗？因为人人都以坚持为荣，而以固执为戒。但真这样简单吗？坚持与固执是两种不同的性格，这个道理很简单，恐怕人人皆知。但很多事实告诉我们：成功者的秘诀是随时检视自己的选择是否有偏差，合理地调整目标，放弃无谓的固执，轻松地走向成功。这就是说，不合理的“坚持”，并不是一件好事，而是一个人性格中的一大弱点，它很可能导致固执的性格。

当你确定了奋斗的目标以后，下一步便是坚定自己的目标，或者说坚定自己所希望达到的领域。这时候你应该保持怎样的性格呢？如果你决心做一下改变，就必须考虑到改变后是什么样子；如果你决定解决某一问题，就必须考虑到可能遇到的困难是什么。

当描述了理想的目标以后，你必须研究一下达到该目标所需的时间、财力、人力的花费是多少，你的选择、途径和方法只有经过检验，方能估量出目标的现实性。你或许会发现自己的目标是可行的，否则，你就要量力而行，修改自己的目标。这是对你性格的一次考验。

只有认识到了自己性格的“不足”之处，才会有的放矢地去改造它、改善它，使之更符合现实生活，减少性格“棱角”，让自己少“碰壁”，促进人际关系向更好的方面发展。

第二章

学会做人，要懂得性格自我归正

虽然人的生理特征和家庭环境很重要，但一个好性格的形成归根结底取决于自己的后天主观努力。你的感悟、你的磨砺、你的自我纠正，完善了自己，提升了自己，最终为生活和事业打下良好坚实的基础。

好性格的基础：先天重要，后天更重要

一棵参天大树，它的形状是由小树决定的。同样，一个人的性格的形成，是从小开始的。他经受什么样的风雨洗礼，经受什么样的磨难历练，经受什么样的环境熏陶，就会形成什么样的性格和品格。

人的性格是由多种因素熔炼和整合的结果。究竟是哪些因素起了重要作用，这要看在一个人成长历程中哪些因素更直接、更重要和更突出。

性格与其他心理现象一样也是脑的机能。许多心理学家、生理学家以及医学家在探讨性格的生理基础方面做了大量工作。但由于性格问题的复杂性，在研究上困难较大，因此对它理解甚少。巴甫洛夫的高级神经活动学说对说明性格的生理基础较有启示。

巴甫洛夫在一篇论文中写道："类型是动物神经活动上一种生来的、体质性的东西——即遗传性。可是动物从出生之日起，就会受到周围环境的各式各样的影响，并且不可避免地必须以一定的活动，来应答这类影响，而这些活动，往往都会终身地巩固起来，所以动物之最后的、现存的神经活动，是由于类型方面诸特征和外在环境有条件地引起的诸变化之间的一种混合物，这就是性格。"

这段文字的叙述表明，巴甫洛夫把性格和高级神经活动类型联系起来。高级神经活动类型不仅为气质提供了生理基础，对人的性格表现也有重要意义。当人在现实生活的影响下，神经系统的特性，如神经过程的强或弱、平衡不平衡、灵活不灵活，都影响着人对客观现实信号的加工和处理方式。由于神经系统特性给人的行为方式打上烙印，从而它也成为性格的自然基础之一。神经类型是脑活动的先天素质，而性格是在生活历程中形成的心理特点，因此巴甫洛夫再一次强调性格的生理基础是神经类型特征和生活环境影响的“合金”。他说：“现在我们坚决主张，人一面有着先天的品质，另一方面也有着为生活情况所养成的品质。这是显然的。这就是说，如果说到那些先天的品质时，这就是指神经系统类型而言，如果说到性格的话，那就是指那些先天的倾向、意向与那些在生活期间受生活印象的影响所养成的东西之间的混合物了。”

巴甫洛夫为了不把神经活动类型与性格混为一谈，他强调了神经联系系统，即动力定型对人的态度和行为方式的直接影响。他曾以实例说明性格的生理基础和大脑皮层上建立暂时神经联系的关系。他说：“爱孤僻，与社会疏远，完全不是弱型者的一个独有的特征。强有力的人们也可能是爱孤独的，但是有完全另一种根据。”这里所指的根据，即孤僻性格是由孤独观念和疏远行为在大脑皮层建立起暂时神经联系的结果。

上述论证说明，神经类型绝不能预先决定性格，并不是性格的直接生理基础。然而神经过程的基本特点能制约神经过程的进程，另一方面它又能掩盖或改变神经系统的基本特性，这就使人对现实态度和行为方式带有个体特点。

一位思想家曾说：“人的性格是先天组织和人在自己的一生中，特别是在发育时期所处的环境这两方面的产物。”这个见解和巴甫洛夫提到的性格是先天的神经类型和后天形成的暂时神经联系之间的“合金”的思想是一致的。

对非理性因素干扰：控制好自己的情绪

在成功的路上，很多人的失败其实不是缺少机会，或是资历浅薄，而是缺乏对自己情绪的控制。愤怒时，不能遏制怒火，使周围的合作者望而却步；消沉时，放纵自己的萎靡，把许多稍纵即逝的机会白白浪费。受情绪控制的心理感受常常影响我们的性格，并影响到我们人际和事业的成功。

对生活中常见的非理性因素，任何人都会有不好的心理感受，这时你会发脾气吗？你晓得什么时候应该发脾气，什么时候不应该发脾气吗？

如果你在开车时，碰到别人从你身边一擦而过，呼啸一声，使你大吃一惊，你是否会破口大骂呢？很多人会因此发脾气，甚至为此不高兴一天。却不知，对方可能早已高高兴兴地参加聚会去了。要化解不良情绪，我们不妨以风趣、温和的态度解释当时的情形：“这家伙，一定是老婆赶着去生孩子。”然后，一笑置之。

反之，忍住不发脾气永远是好的吗？比如，当你的孩子在念书时，隔壁的音响开得很大声，你只管忍耐，不去伸张权益，结果如何呢？这种情景下，我们忍住不发脾气，也等于在纵容别人做不该做的事情。

生活中非理性的因素有很多，我们常常会因为这些非理性的因素而控制不住自己的情绪，导致一些不应该的后果，为了更好地控制自己的情绪，我们应该先分析一下生活中常见的非理性因素。

世界之大，我们每个人穷尽一生，能看到、听到、感觉到、体验到的事物极其有限。且不说浩瀚无限的洪荒宇宙，即使是我们立足的这个渺小的星球，已经使我们再三地承认生命的有限和短促。可即使是繁琐小事，投射到我们的心灵世界里时，就可能变得极其复杂和丰富。

在生活中，我们感觉周围的事物，形成我们的观念，做出我们的评价以及相应的判断、决策等，无一不是通过我们的心理世界来进行，只要是经由主观的心理世界来认识和观察事物，我们就不可避免会对事物的认识和判断产生偏差，受到非理性因素的干扰和影响。影响我们认知的准确性的因素很多，如知识、经验的局限，认知观念的偏差，感官的限制等。其中，影响最大的因素是情绪的介入和干扰。

生活中常见的非理性的心理干扰性格的因素如下：

忌妒。忌妒使人心中充满恶意、伤害。如果一个人在生活中产生了忌妒情绪，那么他就从此生活在阴暗的角落里，不能再光明磊落地说和做，而是面对别人的成功或优势咬牙切齿，恨得心痛。忌妒的人首先伤害的是自己，因为他把时间、精力和生命不是放在人生的积极进取上，而是放在日复一日的蹉跎之中。忌妒同时也会使人变得消沉或是充满仇恨，如果一个人心中变得消沉或是充满仇恨，那么他距离成功也就越来越远。

愤怒。愤怒使人失去理智思考的机会。许多场合，因为不可抑制的愤怒，使人失去了解决问题和冲突的良好机会。而且，一时冲动的愤怒，可能意味着事过之后付出高昂代价的弥补。在实际生活中，愤怒导致的损失往往可能是无法弥补的。你可能从此失去一个好朋友，失去一批客户；你的形象可能从此在领导眼里受到损害，别人也从此开始对你的合作产生疑虑。

愤怒时最坏的后果是，人在愤怒的情绪支配下，往往不顾及别人的尊严，并且严重地伤害了别人的面子。损害他人的物质利益也许并不是太严重的问题，而损害他人的感情和自尊却无异于自绝后路和自挖陷阱。如果你心中的梦想是渴求成功，那么，愤怒是一个不受欢迎的敌人，应该彻底把它从你的生活中赶走。

恐惧。过分的担忧可能导致产生恐惧，而恐惧使人学会逃避、躲藏，而不是迎接挑战，不畏困难。对某些事物的恐惧情绪，可能来自于缺乏自信或自卑。

一次失败的经历或尴尬的遭遇都可能使人变得恐惧。比如，经历过一次在公众面前语无伦次的演讲，可能使人从此恐惧演讲，这无疑使他在生活中凭空少了许多机会，本来可以通过一番演说和游说来获得的成功机会将从手指缝里溜走。恐惧的泛化还能导致焦虑，焦虑的情绪甚至比恐惧还要糟糕。

有些人把焦虑情绪形容为“热锅上的蚂蚁”，这个比喻很准确，也相当形象。产生恐惧情绪而不想方法加以控制和克服，这样的潜台词相当于默认自己是个怯懦的失败者。成功的路途上的小失败就令他望而却步，驻足不前，那成功后可能面临的更大的挑战，他又如何能应付呢？

抑郁。成功路途中最可怕的敌人是抑郁。如果说别的消极情绪是成功路上的障碍，使成功之路变得漫长和艰险，那么，抑郁根本是成功路上的南辕北辙。

克服别的情绪问题可能只是个修养和技巧的问题，克服抑郁却相当于一项庞大的工程，它需要彻底改变你的生性：从认知、态度到性格、观念。

一个追求成功的人如果染上抑郁，那么即使有成功的机会也会离他而去。因为成功带给他的不是喜悦，不能使他兴奋起来，他沉浸在自己的琐碎体验里不可自拔。抑郁者仿佛是一个随时驮着壳的蜗牛，只是束缚他的茧壳是无形的。

抑郁者宛如置身于一个孤独的城堡，他出不来，别人也进不去。著名文学家，也是抑郁者的卡夫卡曾这样形容他的体验：“在我的周围围着两圈士兵，手执长矛。里面的一圈士兵向着我，矛尖指着我；外面的一圈士兵向着外面，矛尖指着外面。他们这样密不透风地围着我，使我出不去，外面的人也进不来。

紧张。适度的紧张能集中精力，使人不致分神，但过度的紧张却会使长期的准备工作付诸东流。本来设想和规划得很好的语言和手势，一紧张便会忘得一干二净。过分的紧张使人变得幼稚可笑：脸色发白或涨得通红，双手和嘴唇颤抖不已，头上冒着冷汗，心跳剧烈，甚至感到心悸，呼吸急促语言支离破碎，这样的情形使人宛如一个撒谎的幼童。

一个成功者，他或许一直都有一些紧张的情绪，但之所以成功，是因为他已经学会了如何控制紧张。美国历史上最著名的总统林肯，当众演讲时始终有些紧张，可是他知道如何控制和巧妙地掩饰过去，不让台下的听众看出来。

狂躁。狂躁容易给人一种假象，仿佛他很精力充沛，说话和做事都那么有感染力，显得咄咄逼人。初次接触狂躁者时，许多人都会产生错误的感觉，以为他具有活力和使人感动。可是随着时间的推移和了解的加深，你就会发现狂躁其实不过是一张白纸。他的谈话没有深度，他行事缺乏条理性和计划性，他说过的话转眼就会忘记，交给他的任务也不会受到认真对待。狂躁的情绪容易使人陶醉，因为狂躁者的自我感觉好极了。他会显得雄心勃勃，似乎要追随后羿去把最后一颗太阳也射下来。可是，世界上没有狂躁者能取得成功的例子，因为狂躁和抑郁其实是两个极端的情绪：狂躁是极度兴奋，而抑郁是极度抑制。在精神分类里，有一种精神疾患就叫作狂躁抑郁症。

不良的心理感受容易引起情绪化行为，情绪化行为会成为个人心理发展和良好性格形成的障碍，使人变得缺乏理智、不成熟，甚至成为后果不堪设想行为的起端。能控制自己情绪的人，能控制自己心理感受的人，就是把握了自己性格的人，就是战胜了自己的人。要学会全面观察问题，多看主流，多看光明面，多看积极的一面，从多个角度、多种观点进行多方面的观察，增加克服困难的勇气，增加自己的希望、信心，就能形成良好的性格。

对外界环境影响：在适应中学会分析和改造

环境通常包括：家庭、自然、社会因素。它们对人的性格的形成无一不起着重要的作用。只是同样的环境，在不同的人、不同的主观努力面前起着不同的作用。

环境对人的性格形成固然有潜移默化的作用，但每个人都具有鲜明的性格特色。人的体态、成熟速度和气质是性格形成的生理条件，而家庭、学校和社会则为性格形成的社会条件。

“夕阳芳草寻常物，解用都作绝妙词”。这些生理条件、社会条件常因个体内在心理活动的差异，而对性格形成发挥着不同的功效，致使人们形成独特的性格。人们经常发现，消极悲观者经受不住逆境的压力和打击，变得消沉、退缩；而积极乐观者却在逆境中奋起，表现得更坚强、更进取、更富有斗争策略。

如此巨大的反差究竟缘于何故？是内在心理活动不同之故。消极悲观者认为逆境不可改变，即使努力进取，也无济于事，于是就在逆境面前缩手缩足，不思进取；而积极乐观者则认为逆境可以改变，只要奋发图强，就可变逆境为顺境，于是在逆境面前就大刀阔斧，勇于进取。由此看来，外部因素对性格形成的影响，首先取决于个体对自己与外部因素之间关系的认识，而这正是个体自我意识和动机等内在心理因素的问题。因此，自我意识和动机等内在心理因素与外部因素的深度整合便构成了某个人的性格特征。

（1）家庭环境塑造性格

有一对孪生姐妹，外貌酷似，她们从小一起长大，一起读小学、中学，又一起考进了大学历史系。在外貌上虽然很难将这对姐妹分出彼此，但一经接触马上就会发现她们的性格迥异。一个活泼、主动、独立，善交际；一个却沉静、害羞，跟随姐姐左右。照理说，她们的生理条件是一致的，生活过程也十分相似，那么性格怎么相异如此之殊呢？原来，这对姐妹生下不久，就由她们的祖母带养。祖母认定了其中一个为“姐姐”，责成她承当起姐姐的责任，认定了其中一个为“妹妹”，要求她听从姐姐的意见。结果，长此以往，就形成了她们截然相反的性格。从这一个典型的例子中，我们可以看到，家庭环境在一个人的性格形成过程中起着多么明显的作用。

影响人的性格的家庭因素有许多方面。比如父母的观念、思想、职业、性格、文化水平，父母对待子女的态度，即对子女的哪些行为予以鼓励，哪些行为予以批评，希望子女成为怎样的人，等等。这些，集中地表现为父母的养育态度、方式。不同的养育态度会直接影响子女不同性格特征的形成。心理学的研究发现，父母的养育态度大致可以分为7种类型，并证明了与这些类型相应的儿童性格特征。

人们常说，“父母是孩子的第一位教师”。他们含辛茹苦，犹如阳光雨露，哺育着子女性格的形成。“望子成龙”“盼女成凤”，这包含了多少父母的殷切希望。为了实现这一美好的夙愿，他们常常采取一套固定而有效的教养方式，其中对子女性格形成影响最大的是他们的教养态度。不同的教养态度，往往对子女性格形成产生不同的效果。

一般说来，父母在教养子女时或采取严厉的态度，或采取放任的态度，或采取溺爱的态度，或采取民主的态度。可采取这四种不同教养态度的父母，分别称之为严厉型、放任型、溺爱型和民主型的父母。许多心理学家的研究表明，父母采取这四种不同的教养态度，常常导致他们的子女形成迥然相异的性格。

严厉型的父母，经常对子女的一举一动横加干涉，漠视他们的兴趣和意见，坚信“不打不成材，棍棒出孝子”。他们对子女缺乏耐心，希望子女唯命是从。在这种教养态度的影响下，子女容易产生恐惧心理，缺乏自信心，往往以说谎进行自卫。严重者或丧失自尊心、自暴自弃，或以父母为榜样，在家挨打受骂，出门打人骂人，性格变得暴躁。长此以往，子女就逐渐形成执拗、冷淡、粗暴、依赖、自卑等不良的性格特征。

放任型的父母，整日忙于自己的事情，从不干涉子女的任何事情，可谓“河水不犯井水”。子女因此根本无法与父母进行感情交流，对家长的生活和喜怒哀乐一无所知。在这种教养态度影响下，子女十分容易形成冷酷、攻击、情绪不安或消极、与世无争和玩世不恭的性格特征。

溺爱型的父母，常常是对子女百依百顺，百般宠爱，甚至是不合理的要求和行为也不加以约束，不加以制止纠正。久而久之，这就促使子女形成任性、幼稚、自我中心、撒娇放肆、缺乏独立性、胆小怕事、对人没礼貌等消极的性格特征。

民主型的父母，总是不任意干涉子女的活动，尊重他们合理的需求；经常合理地严格要求他们，从不苛求他们；遇事先与子女商量，而不是强迫他们服从；既保护他们的活动，又给予一定的自主权；父母与子女间的关系和谐融洽。在这种教养态度影响下，子女常常容易表现得谦虚、有礼貌，待人亲切而诚恳，最终形成独立、直爽、积极、协作、社会适应性强等积极的性格特征。可见，父母的教养态度如何，是影响人们性格形成的重要因素。

（2）社会环境塑造性格

人都是社会的人、文化的人。人一旦离开了社会，就只能保持动物性而失去人性。20世纪50年代前，人们发现了30多个在狼群、熊群中长大的孩子。他们被带到人间后，不能言语，仿照着动物的习性生活，有的至死也未能恢复人性。可见，广义上的社会性是人的性格形成的基础。

从狭义的范围说，不同的国家和地区又有具体的文化特征，如不同的语言、不同的道德理想、不同的价值观念、不同的生活方式，这些都会在人的性格上打下不同的烙印。中国人含蓄、内倾的偏多，沉静，三思而后行，善于节制；而西方人直率、外倾的偏多，好动，情绪波动强烈，容易受冲动的支配。这种情况与中国历来倡导礼仪、节制、忍让、和谐，而西方人主张竞争、冒险、强调个人愿望的满足有一定的关系。不同的国家也各自有自己民族的性格特征，比如俄罗斯的坚韧与淡淡的忧郁情调；英国人的绅士风度、聪明、保守；法兰西的浪漫、激情澎湃；美国人的求实、幽默；德国人的严谨、深沉；等等。这种特征可能未必体现在民族的每一个成员身上，但它的影响却是潜移默化、具有持久渗透力的。

（3）自然环境塑造性格

南北方因为气候的不同，高原、平原、河网地带由于地势的不同，对人的性格形成也是有明显影响的。北方人往往粗犷、豪迈、外向，所谓“秋风、骏马、冀北”是也；南方人往往细腻、含蓄、内向，所谓“杏花、细雨、江南”是也。高山地带意坚毅，海岸地带心开阔，平原地带多克制。自然因素对人的影响还是带有普遍性的。

（4）教育环境影响塑造性格

学校教育对一个人性格的形成，特别是对关于社会、事业、人的看法和态度的形成，对一个人世界观、人生观、道德理想、奋斗目标的确立，具有至关重要的意义。而这些恰恰是一个人性格倾向的重要内容。学校不同于家庭和一般社会环境，它对人的影响不是偶然的、零碎的、无意识的，而是有系统、有目的、有计划地进行的。这里有领导、教师明确提出的要求、方向，并且有必要的奖惩措施来保证这些要求变成每个人的具体行动；有课堂上传授的知识内容；有学校的环境和班集体的影响；有同学间的相互交往；特别要强调的是，还有教师对学生的态度对学生性格的影响。人们研究了教师对学生的态度后，发现主要有三种类型：专制的、民主的、放任的。

德育的主要任务是培养学生良好的道德品质，使学生形成良好的品德。而品德包含在性格之中，是性格的有机组成部分，与性格的其他成分紧密相联。品德不可能离开其他性格成分而单独发挥作用，也不可能离开良好性格的培养而孤立地培养品德。要培养品德，就必须同时培养良好的性格。因此，培养儿童良好的、健康的，包括品德在内的性格，应该是德育的目标，是德育的核心，是德育的关键。学生健康的、良好的性格的形成，是德育任务落实的标志。不能形成学生健康、良好的性格的德育，是片面的，表面的，肤浅的，是形式主义的，光说不练的，不牢固的，因而也是失败的。

（5）职业境遇塑造性格

什么样的职业会把人塑造成什么样的性格。如果你是一位推销员，尽管你的脾气暴躁，但做这一行时间久了，经历的事情多了，你也一定会变得和蔼可亲，随和容人；如果你是一位小学教师，时间久了，你的童心和爱心、耐心也会越来越强烈；如果你是一位军人，不管你入伍前是怎样的懒散，那么，入伍后的超强度训练也会把你打造成一个严格自律、挺拔威武的真正的军人。职业规矩就像一个大熔炉，天长日久，会形成你的“职业个性”。

一个有着鲜明的“职业个性”的人，很容易给同事、老板和客户留下深刻的印象，也更加容易获得他人的认可。

小F，一年前大学毕业了，职业个性测试显示，他性格外向，争强好胜，对事业有所憧憬，不怕失败；愿意与人沟通，并拥有不错的语言能力，想象力丰富，逻辑思维严密。这样的个性在外企，尤其是欧美企业十分受欢迎，但是，作为新入职的人员，小F必须对争强好胜等一些个性加以适当地修饰，避免有过激的行为出现。在职业规划师的建议下，小F选择了某外企，职位是市场开拓，这份工作满足了他对挑战感和成就感的要求。同时，身为新人，他接受了规划师的建议，处处以学习者的姿态与同事和客户们合作，在积极上进的同时，表现出谦虚、好学、愿与他人分享成功的良好形象。事实证明，小 F 的职业形象和风格赢得了他人的认可。而正因为有了自己的独特品牌，小 F 没有被淹没在众人之中。

所以说，“职业个性”是一个人在职场中独特的品牌。适当的“职业个性”不仅能够帮助你在职场获得成功，更是你在职场中的独特标志，而只有树立了职场中的独特标志才能让你在职场上站得更稳，走得更远。打造属于自己的独特“职业个性”是每个追求成功的职业人士必须的修炼，但遗憾的是，目前还很少有人真正意识到这一点。

职场是理性的，在对待职业上，比较理性的做法是让自己的个性和职业要求相一致。所谓艺人有艺人的职业个性，工程师有工程师的职业个性，经理人有经理人的职业个性，在职场中应该把自己的个性、气质与职业个性要求高度融合。

职业个性是一种态度和行为方式，是一种智慧和能力。或雷厉风行、敢说敢做，或优柔寡断、唯唯诺诺都是一个人展现在别人面向的“职业个性”。打造职业个性需要你关注细节，在处理事件、与人交往和沟通、面对工作压力和挫折时，都是你展现个人独特魅力的绝佳时机。比如，你在团队中总是以宽容和理解的“大哥”姿态出现，自然而然，你的“大哥式”形象也就会深入人心。

值得注意的是，打造“职业个性”也不是一朝一夕的事情，需要长期相对一致的行事风格，最忌讳的就是善变和喜怒无常，让他人觉得你不可琢磨，这样非但没有什么“职业个性”，只怕会招人讨厌。

（6）人生阅历塑造性格

有什么样的经历，就会有什么样的性格。坚毅的性格形成于恶劣的环境之中，形成于不断与困难做斗争，不断失败又不断尝试中；豁达的性格形成于丰富的阅历中，形成于生命与自尊被击毁之后的重生；善良的性格形成于贫穷和饥饿，经历过贫穷和饥饿的人才会明白生活的艰辛。

生活中的每个人性格的形成都会受其阅历的影响。人生经历的多，见识的多，其性格就逐渐变得沉稳、成熟、老练，人生经历少，性格就单纯、直率。就像磨难与打击，可能培养人坚强的性格，也可能导致猥琐畏世的性格。一个人的阅历越丰富，其性格就会变得越成熟。

影响性格形成的因素很多，就像影响世界观形成的因素很多一样。一个人应该对自己的性格特点作一次全面深刻的分析，认清利弊及其形成的原因，然后根据这些原因，对症下药，对自己的性格进行改造，也许会更有效果。

学会自我透视：有对比才会有提高

很多人对自己的性格并不十分了解，或了解得不够全面和深刻。这也是一般人不能充分认识自己和把握自己的主要原因之一。

一个人要认识自己，首先就是要认识自己的性格，然后再层层深入，认识自己人性中的其他方面，以完善自身，包括思想、情趣、习惯等。要知道，只有完善自己，才能提高自己的品位，提高社会对自己的认同度。

（1）以人为镜认识自己

当你认真观察使你讨厌、反感的人时，一定会意外地发现，那个人的性格与你有许多相似之处，那个人身上的缺点与你身上的缺点颇有点不谋而合。专横自私的人讨厌专横自私的人，虚张声势的人对虚张声势的人也特别抱有敌意。那是因为对方起的作用宛如一面镜子，把你不愿正视的某些缺点，加以放大，如实地反映了出来，故而引起你感情上的不愉快。

人的心理十分微妙，常常无意中把别人作为一面镜子，以此来衡量自己并对自己做出判断。所以，要正确判断、分析自己的性格，认真观察别人，对照检查自己，是一种很好的方法。当你无缘无故地讨厌一个人时，你不妨认真分析一下，对方到底是什么引起了自己的不满，从而反省自身。

缺点如此，优点也是如此。当一个人无意中引起了你的喜爱时，他身上一定也有某种好的性格特征和你是一致的。这在社会心理学上称为“相似作用”。

通过对别人的观察、感觉，反观自己的性格，这是性格自我分析的一种方法。但进行性格的自我分析，更多的还是应从分析自己的言行入手。因为性格总是表现在活动中的，诸如劳动、学习、游戏等。

劳动是以创造社会产品为目的的活动。劳动过程和劳动产品的价值最能反映一个人的性格特征。从劳动中可以观察到自己性格的倾向性、意志的坚韧性。比如说，在所从事的本职工作中是否经常出色地、创造性地完成任务，可以反映出一个人的劳动才能和劳动态度。假如你养成了良好的劳动习惯，能爱护劳动工具和劳动成果，遵守劳动纪律，对违反劳动纪律、在工作中缺乏责任心的人勇于给予批评和热情的帮助，那就说明你的劳动态度是积极的，并且具有关心别人、帮助别人的性格等。

学习是系统地掌握科学知识、技能的活动。学习活动如上课、考试、作业等，都能表现一个人的性格。在课堂上注意力是否集中，回答问题是否积极主动，并进行过认真思考，在考试和完成作业时是否沉着稳健，完成试卷或作业后是否认真检查，这都可以看出一个人的责任心、义务感、自制力、荣誉感等性格特征。

游戏以及交往活动和学习、劳动不同，它没有明确的组织，不一定要付出艰苦的劳动。但游戏也有一定的规则，也有与人协作是否和谐，在输赢、荣誉面前是否能经受考验，对人是否诚恳、信任，在活动中是简单模仿，还是具有创造性、独立性等问题，这些同样可以看出一个人的性格。

分析自己的创造成果，也是分析自己性格的有效途径。创造成果的内容很丰富，手工、作业、作文等都是。以作文为例，你喜欢写什么题材，采用什么表现手法，都是你性格的外在化。我国南北朝时期著名文论家刘勰在《文心雕龙·体性》篇中，就非常具体地分析了作品风格和作家性格的关系。他把作品分为典雅、深隐、精炼、明显、繁丰、壮丽、新奇、浮靡8种，然后指出作品风格在很大程度上是由作家的性格、气质决定的，他举了当时的一些著名文学家为例来说明这一点：司马相如行为狂放，所以文理虚夸而文辞夸饰；扬雄的性格沉静，所以他的辞赋含意隐晦而意味深沉；刘向性情平易，所以文辞的态度明白而事例广博；班固文雅深细，所以文章的体裁绵密而思想细致；张衡学识广博通达，所以考虑周到而文辞细致；王粲急躁而勇锐，所以锋芒突出而果敢有力；阮籍行为豁达，所以他的文辞音节高超而声调卓越；嵇康豪侠，所以兴趣高尚而文采壮丽；陆机庄重，所以情事繁富而辞义含蓄。

刘勰讲的这些人和风格特点，我们可能并不完全熟悉，但其中指出的作家性格与作品的关系对我们是有启发意义的。

（2）以己为镜自我分析

分析人的性格，既要观其行，也要听其言，语言是人进行思考的有力工具，也是用以表达思想、情感的工具。在语言中，可以得到自身性格的反馈。

我国很早就有人从书写风格中分析性格特征。比如飞龙走蛇的连笔，说明性格的豪放和自信。字里行间的毫无规则，表现了感情的跳跃和热烈，却往往缺乏自信；字迹模糊不清，说明性格的随便、马虎，或者文思敏捷，思维迅速。

在口头语言方面，说话多说明性格开朗、自信、热情，也可能是轻浮、好表现、缺乏自制力；说话少则是性格沉静、简洁的表现，也可能比较孤僻、冷淡、瞧不起人；经常沉默则可能是深沉、内向、自卑的表现，也可能是截然相反，表明独立性非常强。讲话是否前后一致是性格一致性的重要表现。如果逢场作戏，轻诺寡信，常常是虚伪、不诚实、不负责任的表现，也可能是随和、热情、关心别人的一种反映。

以习惯为参照分析自己的表情、姿势、习惯动作与分析自己的性格特征也有很密切的关系。遇到高兴的事，豪放者爽朗大笑，谦虚的人轻轻微笑，轻浮的人捧腹大笑，愚蠢的人哈哈傻笑，具有心计的人丝丝假笑……性格也反映在姿态上，矫揉造作的人，手势总是装模作样，故作姿态；傲慢的人走起路来往往是摇头晃脑，昂首挺胸，大模大样；典型的谄媚者，卑躬屈膝，脸上堆满很快就会消失的笑容；自信的人也是昂首挺胸，但有所约束；谦虚的人也躬身俯首，但绝不奴颜婢膝。一个人讲话不断有手势，说明是容易激动、缺乏自制力；讲话时很少有手势，偶尔以有力的动作加强语气，则说明信心十足，独立感强；讲话时显得过分亲昵和神秘，则是一种猥琐性格的表现。

（3）以理想为镜完善自己

“世上无难事，只怕有心人”，“有志者事竟成”。“有心人”“有志者”总是以理想为镜子从各方面完善自己。为了达到目的，实现人生目标，他们有意志，有毅力，能做出常人难以做到的事情。

梅兰芳年幼时，两只眼睛微微近视，眼皮下垂，眼神不能外露，有时迎风还会流泪，眼珠转动也不灵活。这对一个演员来说，的确是个致命的缺陷。拜师时，老师说他长着一双死鱼眼睛，不肯教，但他不灰心，每天练习眼睛——驯鸽练眼功。数年以后，在不知不觉中，梅兰芳的眼睛便矫正过来了，眼皮下垂竟然治好了，呆滞的眼神变成灵活传神了，视力也得到了极大地提高，而且非常灵活，神光四射。

《史记》载，“沛公居山东时，贪于财货，好美姬；今入关，财物无所取，妇女无所幸：此其志不在小。”为了实现自己的理想，刘邦改掉了或暂时改掉了自己讨人厌的不良习性，他这种做法显然是在收买民心，志存高远。理想能激发人的潜能，催人奋进。

“江山易改，本性难移。”为理想而奋斗的人则能改变自己的性格；“人最难战胜的是自己”，为理想奋斗的人就能战胜自己，改变自己。你苦恼自己无法改善性格，那是因为没有坚定的理想和为实现理想而做出的努力。欲改变自己不良的性格，请从树立自己的理想开始。

每个人只有正确地总结出了自己的特点，才算真正地认识自己、认识自己性格的优劣利弊，然后才能做到有意识地自我完善和自我改造。

性格的自我定位：择其善而从之

对自己的性格进行自我定位，有利于把握自身性格的优劣，更全面更深刻地认识自己从而做到扬长避短，择善而从。所谓性格的自我完善和自我改造，必须是在充分认识自我的基础上实现的。没有对自我性格的全面定位，是不可能进行完善和改造的。

性格的自我定位有两个参照系，一个是外在的参照系，一个是内在的参照系。

（1）自我意识

正确的自我定位不仅是必要的，而且是可能的。自我定位的能力首先取决于自我意识发展的水平。所谓“自我意识”，就是作为主体对自身的认识，对自己与周围关系以及自己与别人异同的认识，而对自我性格的认识则是其中核心的内容。

不满周岁的婴儿是谈不上什么自我意识的。他不知道镜子中的自己是何人，分不清主体和客体，甚至不能感到自己身体的存在。他玩弄自己的小脚像玩弄玩具一样有趣，吮吸自己的小手像吮吸糖果一样开心。只有在儿童开始把自己当作主体的人来认识时，真正的自我意识才初步发生。

随着自我意识的觉醒，个人的自我定位也逐渐发展起来。这里，有一个由简单到复杂、由肤浅到深刻、由被动到主动、由他律到自律的过程。

——由简单到复杂。是指对自己性格的定位，已不是简单地标以好坏，而是辩证地认识到某一性格特征的积极性和消极性，某一性格特征在不同场合、不同背景下有不同的价值等。比如，热情，它可能是关心和同情别人、助人为乐的表现，也可能是越俎代庖、强加于人、损害他人自尊心的表现；勇敢，它如果和性格的积极性、坚韧性相配合，就可以成为迎难而上、披荆斩棘、无所畏惧的品质，如果和性格的消极性、鲁莽相配合，就可能表现为打架斗殴、损害公物的错误行为。这样，学生就可以知道，自己在什么时候应该发扬某种性格，什么时候应该抑制某种性格。

——由肤浅到深刻。是指定位的内容由仅涉及自己向更有社会意义的方向发展，由性格的外表层向性格的核心层发展。3岁的小孩问他好不好，他会告诉你："今天我饭吃得多，没有掉一粒米。""今天我没有哭。"到了小学时代，他们回顾自己的优缺点时，往往会这样说："上课认真听讲，按时完成作业，不迟到早退"，"但有时做小动作，打架"，等等。到了小学高年级，特别是升入中学以后，他们往往就会从自己的习惯、动机、态度上定位自己，并且上升到一定的高度，比如"热爱集体，明确学习目的，具有勇敢顽强的品质，诚实待人，助人为乐"等。再提高一步，就能够把自己的行为和人生观、世界观联系起来，指出自己的一言一行与自己追求的目标的关系，指出阻碍自己达到目标的主要性格弱点，如自私，缺乏意志力、懒惰、拖拉等。

——由被动到主动。是指婴幼儿没有主动产生分析定位自己的念头，即使有所定位，也是根据成人的要求才来"想一想"的。可到了少年期，也就是十一二岁以后，人开始有了自己的"小天地"，有了自己心中的秘密，有了独立于他人的愿望，随之而来的就是关心别人对自己的态度、看法了。由于生活范围的扩大、活动的增多，期望也增多、增高了，与此同时，挫折也必然增多，因而也就会更多地体验到忧郁、自卑、孤独等的情感。这个时候，也就开始主动定位起自己的能力、性格来，并能根据外界的定位来调节自己的行动了。

——由他律到自律。简单地说，也就是从主要根据家长、教师的定位，变为主要根据自己的主观定位来确认自己的性格。在上学之前，儿童经常会自豪地说："爸爸说我是个好孩子！""妈妈说我是个乖孩子！"为得到父母的赞扬而高兴，为受到父母的责备而沮丧。上学以后，父母的定位权威就渐渐让位于教师了。"老师说我好"或"老师说我不好"往往是小学生定位自己好坏的主要依据。小学生都为得到老师的表扬而沾沾自喜，为受到老师的批评而垂头丧气。进入中学特别是高中以后，学生更相信的往往是自己的定位和自我判断，以及好朋友的定位。许多中学生干脆说："我崇拜我自己！"这时候，中学生几乎时刻把自己的性格作为自我反省的对象，并且通过日记、诗歌、信件等形式表现出来。事实上，这个时候随着抽象思维的成熟，知识的丰富，社会生活的复杂化，以及人生观、世界观的开始形成，对自己进行定位的条件已经具备，这正是自我教育的根据。

（2）社会参照系

首先是指别人特别是权威人物对自己性格的定位。你的父母、教师、亲戚、朋友是怎样看待你的？喜欢你、赞扬你、尊重你，还是讨厌你、批评你、鄙视你？这些是不难看出来的。只要一个人有正常的感受能力，有起码的自尊心，都会判断出自己在家庭、班级、团体和朋友中的地位，感受到别人对自己的态度。这其中必然有许多是由自己的性格决定的。一个人是不可能不受别人特别是自己钦佩的人的定位影响的。如果大家的定位比较一致，那自己就应该保持和发扬受到人们赞扬和喜爱的性格，纠正、克服人们厌弃和不喜欢的性格；如果人们的定位不一致，自己就要认真思考，分析，择善而从。

外在参照系的第二方面是与自己条件类似的人比较。我们要看清自己的面目，就要照镜子。孤立地看自己的性格也是无法判定其好坏、优劣的，只有通过与别人的比较，才能看清自己。这里就产生了一个问题，你找什么人作为比较对象？找懒惰的人对照自己的勤奋性，找表里不一的人对照自己的独立性、一致性等，还是找刻苦奋斗的人，找言行一致的人作为自己比较的对象？这样做的结果是截然不同的。如果选择的对比对象不如自己，甚至在正常水平之下，你就会产生比上不足、比下有余的满足感；如果“弄斧到班门，下棋找高手”，你就永远不会有满足感，就会永远保持进取心和提高自己性格素质的意识。

要求根据外在的定位和目标调节、改造自己的性格，并不是贬低性格的独立性，更不是排斥性格的独立性。特别是在一个改革、开拓的时代，我们还必须创造自己的性格，使之符合新时代的要求。一个社会推崇什么性格，贬斥什么性格；什么性格被接纳，什么性格不被接纳，是有历史性的；我们切不可拿传统的、保守的，甚至是落后的性格要求作为我们性格塑造的标准。恰恰相反，我们应以时代呼唤的性格战胜保守的社会惰性，以开拓、创新、独立的精神，去创造一个开放、独立、富有朝气的社会。这实际上是性格自我定位更深刻、更艰巨的任务。

（3）目标参照系

首先是指自己的定位期望，即自己为自己确定的理想目标。怎样的性格是好的、优秀的，怎样的性格是不好的、应该改造的，不同的人对此的看法可能相差无几，但各人对自己性格的满意程度却大相径庭。比如一个人认为在集体中不破坏集体纪律，能遵守集体规定，不危害集体，就是集体荣誉感的表现了，而对另一个人来说，这可能只是最低的要求；一个人认为，按照学校要求完成学习任务，就是勤奋认真了，而另一个人则可能认为，勤奋认真不仅表现为积极接受任务、完成任务上，而且表现为主动发现问题、寻找问题并解决问题等。这样，由于不同的人的期望目标不同，对自己的定位也就不同。

内在参照系的第二个方面可以称为性格自我定位的倾向性。有些人的自我感觉总是比他的实际情况要好，总认为自己身上有许多光芒四射的好品格，以为自己深受别人欢迎，总爱拿自己的优点比别人的弱点，自信心特别强；有些人则毫无根据地臆造出自己的许多弱点，过分夸大自己的缺陷，总爱拿自己的短处比别人的长处，十分自卑。这是两种完全相反的定位倾向，也是对待自己的态度上的差异。这两种倾向都失之偏颇，都不利于发挥自己的实际能力。虽然完全准确地认识自己是困难的，或者说是不可能的，但逐渐使自己的定位更符合自己的实际情况，并同外在的定位更吻合、更一致，这还是有可能的。自卑的人应打消自卑感，看到自己的长处，没有必要把自己看得一无是处；过于自信的人应更多地看到自己的弱点，增加一点忧患意识和危机感，这样有益于自己的不断提高。

美国哥伦比亚大学的霍林沃斯教授曾进行了一个有趣的实验。他挑选了25个彼此比较了解、熟悉的人，要求他们根据文雅、幽默、聪明、交际、清洁、美丽、自大、势利、粗鲁9种性格特征，相互进行定位，并要求每一个人根据这些品质，由高至低排出名次。然后实验者分别把自己给自己排列的名次跟其余24人给他排的名次进行比较，结果发现了很大的差距。例如有一人自认为其“文雅”程度名列前茅，但其余24人却把他的“文雅”品质排在20名以后。另一人对自己“清洁”品质所排的名次比别人排列的平均提前5名，“聪明”“美丽”的品质提前6名，“幽默”“文雅”“势利”“自大”“粗鲁”等品质则退后5到6名。

美国心理学家沙平采用选择法来研究自我定位。他向被测试的人提供一系列描写性格品质的形容词，要求被测试的人从中选择符合自我形象的词汇作为对自己的定位。结果发现，有70%被测试的人都选择了积极意义的形容词，如“有良心的”“爱社交的”“自制力强的”“积极的”等。

日本心理学家加藤隆胜以高中学生和大学生为对象，用同样方法作了类似研究，获得了同样结果。许多学生以一些优良品质如“诚实”“忍耐”“开朗”等做了自我肯定，而都避免使用一些代表不良品质的词汇如“孤独”“懒惰”来做自我定位。

这种在优良性格特征方面的自我拔高，和在不良性格特征方面的过分“谦让”，大概是人类追求美好、回避丑恶的一种本能吧！如果是这样的话，这种自我拔高倒是可爱的，因为它毕竟可以激励人们趋善避恶。何况一个人对自己的性格能有“自知之明”，有和大家一致的定位，确实不是容易的。

但是，性格的正确自我定位是非常重要的，它对一个人一生的发展都会发生影响。正如心理学家柯里指出的：“在人们的心理生活中，自尊或自卑的自我定位意识有很大作用。人们经常会把自己看作是有价值的、令人喜欢的、优越的、能干的人。如果一个人看不到自己的价值，只看到自己的不足，什么都不如别人，处处低人一等，就会丧失信心，产生厌恶自己并否定自己的自卑感，这样的人就会缺乏朝气，缺乏积极性。”

相反，“如果一个人只看到自己比别人好，别人都比不上自己，这样就会产生盲目乐观情绪，自我欣赏，自以为是，因此就不能处理好人际关系，调动主客观双方的积极性，而且还会遇到社会挫折，产生苦闷。”

性格的互补：没有最好只有更好

伊索寓言中有一篇《狐狸和豹》讲的是豹向狐狸展示自己全身的花纹，以展示自己的美丽。而狐狸却说："你有天生的外貌，我有最聪明的头脑。"

这个短小的故事让我们想到了清代有个将军叫杨时斋，他认为军营中没有无用之人。聋子，安排在左右当侍者，可避免泄露重要军事机密；哑巴，派他传递密信，一旦被敌人抓住除了搜去密信之外，再也问不出更多的东西；瘸子，命令他去守护炮台，坚守阵地，他很难弃阵而逃；瞎子，听觉特别好，命他战前伏在阵地前窃听敌军的动静，担负侦察任务。

可见，人人都有自己的独特之处，这需要你仔细发掘，用心发现。

苏州曾有个"水晶宫"酒店，酒店大堂门口配了个一米二三的小伙子，这小伙子专门为往返酒店的客人开车门、做引导。虽说个子矮，可动作利索，反应快，而且敬业，他的服务让人非常舒服。人们无论是对他的表扬还是嘲笑，他都一样的面带笑容，从不发脾气，有时候还会开心地和客人说笑话：浓缩的都是精华，天生我才必有用，看我这高度，就是开车门的料。由于他表现好，且能管人，因此被提拔当了领班。这就是人虽矮小可志气不短，而且能扬长避短，充分发挥自己的优势，实现了自我价值。

小艾是旅游公司的导游。小艾生得一张国字脸、塌鼻梁、小眯眼，很多人见了这尊容一片嘘声。小艾大概早就料到大家有这样的反应，镇定自若地自我介绍道：各位好！我是负责你们这次游程的“三陪”之一，因为我长得很“违章”，所以经常有人说我像《水浒传》里的孙二娘，没关系，尽管叫。你们别看我面盆脸、水蛇腰、磨盘屁股一线天（指眼睛），可我那“面盆”里装的是笑话，我那腰里藏的是智慧，我那磨盘里磨出的是“幽默”，我那“一线天”更是火眼金睛。由我做你们的导游，是你们的幸运。

果然，几天下来，她的旅游知识、导游技巧、服务安排、职业道德令全团人折服。丰富的知识，风趣、幽默的言语，开心的笑话，周到的服务贯穿于全过程。大家对她的表现当然是十分的满意，所以大家都得出一个结论：人不可貌相。

就是凭借自己的“违章”尊容，小艾变劣势为优势，成长为旅行社里的品牌导游。

人人都希望在自己的领域里取得不俗的表现，都想拥有一些别人不具备的东西，那就是过人的技能。的确，拥有过人的技能不但是成功的有利条件，也可以使我们获得他人的信赖和尊敬。但是，在这个讲求竞争的时代中，有一种因素比技能更为重要，那就是合作精神。可惜这个问题常常被人们忽视。有时候，在完全没有经验的领域里，你能取得的成就通常比你有认识的领域里还大，为什么呢？因为当你诚心地面对一个你不知道如何解决的问题时，你会立刻寻求比较了解该领域的专家的协助。

有一个人是一个外语翻译公司的老板，中专学历，英语不是太好，如果单单让他搞翻译，可能并不比别人强，他甚至也不会想去尝试。但是，他的业务量在他的那个城市是做得最好的，他会雇用到最好的人员为他工作。而且，那些专业人士也非常心甘情愿地为他打工，因为他是一个极其友善的人，非常好相处，他对于英语知识的缺乏没有成为一道无法克服的障碍，反而成为他获得成功的起点。

实际上，我们每个人所具备的优点、才干与能力都有限，然而，我们却都有数不尽的缺点和知识盲区。换句话说，我们所知道与能够做的事情比我们所不知道而且做不到的事情要少得多。如果我们没有办法将这种障碍转变为成功的起点，我们就只能成为平庸之辈。实现梦想的人和大多数平凡人之间的不同之处在于，他们会利用别人以补自己的不足，而大多数平凡人却对自己的不足投降。比投降更糟的是忽略此种不足，而且还表现出仿佛自己无所不知，这些人不太可能成就大事，除非他们能够正视自身的缺点与不足。

生活中，我们常常看到，无论哪种性格的人，不受欢迎的都是极个别的，大多数人都是能够与人相容相处的。很多有个性的人都有其可取之处，他们短处的地方总有一定的长处来弥补，长短互补保持着性格的平衡与稳定。如，性格急躁的人往往做事干脆利落、雷厉风行，同时又多有爱心、同情心；性子慢的人做事心细，有耐心；内向性格的人说话办事稳重，有内涵。

实际上，性格本身并没有好坏之分，也没有谁对谁错，“乐观和悲观对这个世界都有贡献，前者发明了飞机，而后者发明了降落伞。”我们每个人都有优点和不足之处，所以不要为自己的缺点感到自责，应该提倡的是没有完美的个人，只有完美的团队，大家彼此之间可以通过互补达到团队的完美。对于每个生命个体而言，应该主动地去了解自己的优缺点，这样才能做到爱自己、宽容自己，也才能去爱别人，而不是想把别人都改造成跟自己一样的人。

不要与自己的性格为敌，别试图去征服自己的个性。对待自己的性格，正确的态度应该是努力去唤醒它、发现它、善待它、宽容它、控制它的不足、发挥它的优势、改善它需要改善的地方，如此最终才能达成每个人所期望的人生目标。由此可见，向自己学习比向别人学习更有意义，每个人都是一个独一无二的自我，没有必要去刻意地变成别人。

不应过分桎梏于自己的弱势和不足，更应该关注自己的潜能和优势。根据木桶盛水的原理，决定一个木桶盛水多少不是看这个木桶有多高，而是看桶壁上最低一个木板的位置。每个人都不是完美的，因此都会有长处和不足，对待它们首先应该是发掘自身的优点和长处，即“扬长”，而后才对不足和缺陷进行弥补，即“补短”。只有如此，首先是发挥个人的优势，构建自己施展才华的平台，才可以成为自己应该可以成为的人，而随后在成长的过程中，再去弥补其他的不足，这样每个人才能生活得更加地从容。

不要总想着去改造他人来适合自己。每个人都似乎喜欢和跟自己相近的人相处，有不少老板都恨不得把员工改造成跟自己一样的人，但这恰恰是对性格理解的误区。其实最不像你的人、你最不喜欢的人，或许正是你的团队最需要的人。例如，如果你的身边总有一个爱说“万一”的人，也许会给你留下胆小、悲观的印象，甚至会让你感到心烦。但也许正是由于某个“万一”，让你看到了事物被忽视的一面，从而避免了某种损失。

认识差异性，尊重差异性，保护差异性，创造差异性，鼓励差异性，管理差异性。每个人之间的差异性是客观的，刻意地回避它们是不切实际的表现，只有做到了以上的各方面，才是对于差异性的真正尊重。

世界上，十全十美的人是不存在的，没有所谓的最好，只有更好，要学会以人之长补己之短，把眼光投向更远的地方，接纳来自他人的先进策略。相信每个人在真正做到“以人之长补己之短”后，都能发展得更为强大，也能使自己的人际关系更融洽。

第三章

学会做人，要懂得克服自己性格弱点

一个人只要在某一个生活阶段，处于一个恶劣的环境中，那么，他的性格的发展就会偏离正常的轨道，走向某个极端，形成性格障碍。性格障碍对于建立良好的人际关系有非常大的妨碍和危害，所以要及时了解它们、克服它们。

“我不做说一不二的人”：克服偏执型性格弱点

偏执型性格是以持久、不切实际的思想倾向和情感倾向去解释、褒贬或威胁别人的行动和意图为特征的精神障碍。“都是他们的问题，我一点儿责任都没有。”“世上没有好人，我只相信自己。”“我无法容忍任何人对我一丝一毫的背叛。”这是偏执型性格人的典型言论。

有这种性格特点的人遇到问题常不易转弯，而是死盯住不放，也不易接受别人劝说，固执到底而不考虑后果，因此常会做出过分的行动来，如杀人、纵火、毁容等严重损害性行为，事出之后常感到后悔，但悔之已晚，这种教训屡见不鲜。

偏执性格的形成除了先天性的素质原因外，大多数与后天的不良环境有关，如父母不睦、离异，家庭人员酗酒、吸毒及犯罪行为，教育上的过分溺爱或暴戾方式等。

偏激是偏执性格在情绪上的直接表现。

三国时代的关羽过五关斩六将，单刀赴会，水淹七军，是何等英雄气概。可是他致命的弱点就是刚愎自用、固执偏激。当他受刘备重托留守荆州时，孙权派人来向关羽之女为儿子求婚，关羽大怒，出口伤人，以自己的个人好恶和偏激情绪对待关系全局的大事，不计后果，导致了吴蜀联盟的破裂。最后落个败走麦城、被俘身亡的下场。假若关羽少一点偏激，不意气用事，那么，吴蜀联盟大约不会遭到破坏，荆州的归属可能也是另外一种局面。

关羽不但看不起对手，也不把同僚放在眼里，名将马超来降，刘备封其为平西将军，远在荆州的关羽大为不满，特地给诸葛亮去信，责问说："马超能比得上谁？"老将黄忠被封为后将军，关羽又当众宣称："大丈夫终不与老兵同列！"目空一切，气量狭小，盛气凌人，其他的人就更不在他眼里，一些受过他蔑视侮辱的将领对他既怕又恨，以致当他陷入绝境时，众叛亲离，无人救援，促使他迅速走向败亡。

偏激是指人对自己的意见、主张等表现得过火和过分。性格和情绪上的偏激，是做人处世的一个不可小觑的缺陷。它的产生源于知识上的极端贫乏、见识上的孤陋寡闻、社交上的自我封闭意识、思维上的主观唯心等。

偏激的人大多以绝对的、片面的眼光看问题，总是带着有色眼镜，以偏概全，固执己见，钻牛角尖，对人家善意的规劝和平等商讨一概不听不理。偏激的人怨天尤人，牢骚太盛，成天抱怨生不逢时，怀才不遇，只问别人给他提供了什么，不问他为别人贡献了什么。偏激的人缺少朋友，人们交朋友喜欢"同声相应，同气相投"，都喜欢结交饱学而又谦和的人，老是以为自己比对方高明，开口就梗着脖子和人家抬杠，明明无理也要抢白三分，试想，这样的人谁愿和他打交道？

偏激在情绪上的表现是按照个人的好恶和一时的心血来潮去论人论事，缺乏理性的态度和客观的标准，易受他人的暗示和引诱。如果对某人产生了好感，就认为他一切都好，明明知道是错误、是缺点，也不愿意承认。

偏激在行动上的表现是莽撞从事，不顾后果。比如有的人往往认为友谊就是讲义气。当他们的朋友受了别人"欺侮"时，他们往往二话不说，马上就站出来帮朋友打架，把蛮干、鲁莽当英雄行为。

现实生活中，有些人不能正确地对待别人，同时也不能正确地对待自己。见到别人做出成绩，出了名，就认为那有什么了不起，甚至想尽办法抵毁贬损别人；见到别人不如自己，又冷嘲热讽，借压低别人来抬高自己。处处要求别人尊重自己，而自己却不去尊重别人。在处理重大问题上，意气用事，我行我素，主观武断。像这样的人，干事业、搞工作，成事不足，败事有余，在社会上恐怕也很难与别人和睦相处。

偏执型人格障碍的主要特点是敏感多疑。好忌妒、自我定位过高、不接受批评、易冲动和诡辩、缺乏幽默感。

偏执的人对外界事物的感觉极端敏感。对侮辱和伤害耿耿于怀；思想行为固执死板，敏感多疑、心胸狭窄；爱忌妒，对别人获得成就或荣誉感到紧张不安，妒火中烧，不是寻衅争吵，就是在背后说风凉话，或公开抱怨和指责别人；自以为是，自命不凡，对自己的能力估计过高，惯于把失败和责任归咎于他人，在工作和学习上往往言过其实；同时又很自卑，总是过多过高地要求别人，但从来不信任别人的动机和愿望，认为别人存心不良；不能正确、客观地分析形势，有问题易从个人感情出发，主观片面性大；如果建立家庭，常怀疑自己的配偶不忠等。持这种人格的人在家不能和睦，在外不能与朋友、同事相处融洽，别人只好对他敬而远之。

偏执的人常常四处猜疑，常将他人无意的、非恶意的甚至友好的行为误解为敌意或歧视，或无足够根据，怀疑会被人利用或伤害，因此过分警惕与防卫，或是将周围事物解释为不符合实际情况的“阴谋”，或是过分自负，若有挫折或失败则归咎于他人，总认为自己正确，对他人过错不能宽容，或是脱离实际地与人争辩与敌对，固执地追求个人不够合理的“权利”或利益……

喜欢走极端，与其头脑里的非理性观念相关联，这是具有偏执心理的人的一大特色。因此，要改变偏执行为，首先必须分析自己的非理性观念，看下面是不是自己的性格特征：

（1）我不能容忍别人一丝一毫的不忠；

（2）世上没有好人，我只相信自己；

（3）对别人的进攻，我必须立马予以强烈反击，要让他知道我比他更强；

（4）我不能表现出温柔，这会给人一种不强健的感觉。

解决的办法是对这些观念加以改造，以除去其中极端偏激的成分。

（1）我不是说一不二的君王，别人偶尔的不忠应该原谅；

（2）世上好人和坏人都存在，我应该相信那些好人；

（3）对别人的进攻，马上反击未必是上策，而且我必须首先辨清是否真的受到了攻击；

（4）我不敢表示真实的情感，这本身就是虚弱的表现。

每当故态复萌时，就应该把改造过的合理化观念默念一遍，以此来阻止自己的偏执行为。有时自己不知不觉表现出了偏执行为，事后应重新分析当时的想法，找出当时的非理性观念，然后加以改造，以防下次再犯。

如果你意识到了平日里自己的行为有些偏执，那么，提醒自己不要陷于“敌对心理”的漩涡中。事先自我提醒和警告，处世待人时注意纠正，这样会明显减轻敌意心理和强烈的情绪反应。要懂得只有尊重别人，才能得到别人尊重的基本道理。要学会对那些帮助过你的人说感谢的话，而不要不疼不痒地说一声“谢谢”，更不能不理不睬。要学会向你认识的所有人微笑。可能开始时你很不习惯，做得不自然，但必须这样做，而且努力去做好。

要在生活中学会忍让和有耐心。生活在复杂的大千世界中，冲突纠纷和摩擦是难免的，这时必须忍让和克制，不能让敌对的怒火烧得自己晕头转向，肝火旺盛。

“我必须耐心听他把话讲完”：克服暴躁型性格弱点

愤怒是一种很常见的负面情绪，特别是年轻人：比如血气方刚的小伙子，他们往往三两句话不对，或为了一些芝麻绿豆大的事情就大打出手，造成十分恶劣的后果。

其实，愤怒是一种很正常的情绪，它本身不会出什么问题，但如何表达愤怒则易出问题。有效地表达愤怒会提高我们的自尊感，使我们在自己的生存受到威胁的时候能勇敢地战斗。

但对大多数人来说，适当有效地表达愤怒是很困难的。一般来说，我们要么肆无忌惮、漫无目的地发泄愤怒，要么是把愤怒埋在心底，任它发霉腐烂。暴雨倾盆的愤怒会对别人和自己造成伤害，把我们带离自己原来的目标；而把愤怒强行压制下去也是行不通的，因为压抑的愤怒不会消失，它会以头痛、抑郁、无缘无故的妒忌等形式表现出来。

制服愤怒的重点在于理清愤怒来源，有效表达它。下面的方法会帮助你做到这一点：

（1）认清你想通过愤怒来达到什么目的。不要被愤怒蒙住了眼睛，看看愤怒背后你的那些欲望是什么。如果你希望和别人交朋友，而他（她）让你失望，你就扇人家耳光的话，那么你就永远失去了和他（她）亲近的机会。相反，你可以说出你真正的感觉：“我很重视我们的友谊，但有些事情威胁到了我们的友谊，这让我很失望。让我们谈谈，一起来解决这个矛盾怎么样？”

（2）不要把不满情绪发泄在无辜的人身上。有这样的可能，我之所以对他愤怒，是因为对他发火比较安全？不要把别人当替罪羊，这样没有任何作用，相反会让你的情绪失控，发完火以后你会后悔莫及。如果你成了别人愤怒的目标和牺牲品，就应问自己：“我一定要接受这个人给我安排的位置吗？我一定要为这种事甘于受伤吗？”其他人和你一样也会寻找替罪羊。你可以去做志愿者，但不要做“志愿羊”。即便别人选择了你，也可以避开。不要上钩，不要去打和你没关系、你也赢不到什么的战斗。

（3）找出获得爱和快乐的方法。你的愤怒有些是来自于你的基本需要和欲望不能满足，你感到深深的受伤或无助，你想要生活中有更多的快乐和关爱。愤怒并不排除爱、感激等积极情感。你可以深爱某人，为他或她感到怒不可遏，但仍然继续爱着他（她）。实际上，愤怒的产生往往是由于爱得太深，我们常说：“爱之深，恨之切。”在上述情况下，你需要找出获得爱和快乐的方法，愤怒才会消失。发泄愤怒只会让你更受伤。

（4）不要用愤怒来弥补你的自尊心。你所谓的愤怒可能是你用来掩饰自己受伤的一种高傲的方式，是你作为人的生存受到了威胁和你的自负受到了伤害时的一种自我保护。但是这种方式不能最终解决问题。为了面子而奋斗只会让你感到失落，失落又会让你感到愤怒。

（5）对自己的愤怒负责。不要给愤怒寻找假、大、空的理由，你需要的是解决问题，不是空洞的胜利。

（6）关注愤怒。学会区分短期的愤怒和长期的怨恨。找个笔记本记下你在不同情境下对不同人的愤怒程度，并分清自己的愤怒共有多少种类。这会帮助你决定在什么时候、什么情况下表达愤怒，表达什么样的愤怒，如何表达愤怒。

（7）真诚、负责地表达你的愤怒，不要用暴力的方式。暴力只会带来更多的愤怒、伤害和复仇，无论是口头的还是躯体的攻击都不会熄灭怒火。告诉别人是什么让你感到愤怒或受伤害，告诉他们你真正希望他们做的是什么。以不攻击的方式，将不满表达出来，与其说“你错了，你简直离谱”，不如说“我觉得很不愉快，你的所作所为没有考虑到我的需要”。

（8）将愤怒暂时搁置。比如：愤怒的时候从1数到10。愤怒的当时写一封信，可以是写给你发火的对象也可以是写给报刊、杂志或领导。这封信写得越详细越好，把这封信放一天再读一遍，再考虑是否真的值得发火。

愤怒时先别去想这件事，过一段时间再想，替这些情绪找到出口。体育锻炼是一种很好的释放方式：慢跑、打球、在没人的地方大喊大叫等都可以。

（9）不要压抑自己。不要假装你没有愤怒，不要通过否认愤怒来麻醉自己。压抑自己不会让你得到你想要的，只会让你感到迷惑、内疚和抑郁。生气是真实的情绪，但情绪和情绪表达则是两回事。当一个人一直压抑怒气时，迟早会如同水库溃堤。因此与其压抑，不如学会释放。

（10）对事不对人。说“这件事情真的让我很生气”是针对事件，说“你这混蛋，怎么做出这种事情”就是针对人了。

（11）总结经验教训。愤怒之后，试着去了解是什么真正让你愤怒，并把你的想法告诉另一个人。一个中立的倾听者能帮你理清情绪、认清目标。

（12）勇于认错。不要因为一时愤怒造成了不好的结果而指责自己。如果是你的错，就拿出你发泄愤怒时的勇气来去道歉，求得别人的谅解。

（13）站在“肇事者”的立场想。为他寻找合理的理由。告诉自己：“那个找我麻烦的家伙搞不好遇上了什么烦恼，日子不好过。”

（14）宽恕。借着宽恕，会让你深深觉得，爱才是人际关系的主宰。

（15）吸取教训。愤怒是一次学习的机会。通过了解自己愤怒的来源，我们可以把愤怒的能量转化为建设的动力。在平时注意那些让你烦闷的情境，不要让环境影响了你的心情，使你愤怒起来。比如：排队拥挤，空气恶劣，再加上等候时间长的话，人就容易发怒。这时，乘机放松一下，做做白日梦打发时间，有助于你的心情平和。

发脾气有时像是穿衣服，不同的式样和风格适合不同的场合，如果精于此道，你就很容易得到自己想要的。

遇到拙劣的服务和粗暴的侍应：碰到这种情况时，你首先必须确信自己是正确的，否则最好免开尊口。第二条原则是直接面对那个说话能算数的人。其次，用若隐若现的威胁做武器，让对方不得不妥协。如果最亲密的人冒犯了你：此时的最佳方案是选择与他的反应刚刚相反的方式，这样能迫使他从你的立场看问题。再者，行动胜于语言，这句话在很多时候都有效。

如果怒火燃烧在办公室：办公室里是最难将喜怒“形于色”的地方，不恰当的发脾气只会使自己显得缺乏能力并且到处树敌。所以，要非常小心。对同事：“对事不对人”永远是上上策。只需要告诉他这种情况需要如何解决，而不要对他的能力或者性格做任何定位。对上司：永远不要对上司发火，除非你已经做好准备要换份工作。

这些都是你在抑制不住自己的情绪时必须加以注意的地方，也许正是一些小小的疏忽导致你种种的不顺。当然，在任何情况下，发脾气都只在背水一战的时候才用。

当身着漂亮衣裙的你呼吸着雨后清新的空气，漫步在赴约的路上，却被疾驰而来的车溅得一身泥水时，是不是会愤怒得满面通红甚至破口大骂呢？生活中很多人都可能会。其实，这也是一种普通反应，即这种情况下产生愤怒的心理并使脾气变得异常暴躁，是一种正常的异常心理现象，特殊情况下动怒和激怒是一种痛苦和压抑的释放。

然而，如果你是一个稍有不顺心不如意就大动肝火的人，那么就该给你敲警钟了。火气大，爱发脾气，实际上是一种敌意和愤怒的心态，当人们的主观愿望与客观现实相悖时就会产生这种消极的情绪反应。一个人有爱发脾气的毛病，确是令人苦恼和遗憾的。英国生物学家达尔文说过：“人要发脾气就等于在人类进步的阶梯上倒退了一步。”这话未免有点过头，但发脾气的确容易使人失去理智，有时甚至会使亲朋成为冤家对头。

脾气暴躁，经常发火，不仅是强化诱发心脏病的致病因素，而且会增加患其他病的可能性，它是一种典型的慢性自杀。因此为了确保自己的身心健康，必须学会控制自己、克服爱发脾气的坏毛病。

为了控制或减少发火的次数和强度，必须对自己进行意识控制。当愤愤不已的情绪即将爆发时，要用意识控制自己，提醒自己应当保持理性，还可进行自我暗示：“别发火，发火会伤身体”，有涵养的人一般能做到控制。同时，及时了解自己的情绪，还可向他人求得帮助，使自己遇事能够有效地克制愤怒。只要有决心和信心，再加上他人对你的支持配合与监督，你的目标一定会达到。

“这事你也可以搞定”：克服自负型性格弱点

自负就是过高地估计个人的能力，失去自知之明。心高气傲的人，有的自视过高，总爱抬高自己贬低别人，把别人看得一无是处，总认为自己比别人强很多；有的固执己见，唯我独尊，总是将自己的观点强加于人，在明知别人正确时，也不愿意改变自己的态度或接受别人的观点。

自负的人一般很少关心别人，与他人关系疏远。他们经常从自己的利益出发，不太顾及别人的看法。不求于人时，对人缺少热情，似乎人人都应为他服务，结果落得门庭冷落。一部分大学毕业生自认为是“天之骄子”，什么都懂，什么都会，应得到优待，于是在择业过程中，总是抱有洋洋自得、自负自傲的心理。面试时，夸夸其谈，海阔天空，给用人单位留下浮躁、不踏实的印象，使用人单位难以接受。

在自负心理的支配下，不少大学生的择业观念不正确，心理定位偏高，结果高不成低不就，迟迟不能落实单位。看到别人都签了约，他们常常会牢骚满腹、怨天尤人，对社会、学校和他人都可能怀有不满情绪，但有时也会向相反方向发展，出现比较严重的自卑心理，从而不敢应聘求职。

如果说每一种异常心理之所以产生都有一定原因的话，那么自负心理的产生是相对比较复杂的。对此，我们有必要追根溯源一番。

（1）过分娇宠的家庭教育：家庭教育是一个人自负心理产生的第一根源。对于青少年儿童来说，他们的自我定位首先取决于周围人对他们的看法，家庭则是他们自我定位的第一参考系。父母宠爱、夸赞、表扬，会使他们觉得自己“相当了不起”。

（2）生活中的一帆风顺：人的认识来源于经验，生活中遭受过许多挫折和打击的人，很少有自负的心理，而生活中的一帆风顺，则很容易养成自负的性格。现在的中学生大多是独生子女，是父母的掌上明珠，如果他们在学校出类拔萃，老师又宠爱他们，就会养成自信、自傲和自负的个性。

（3）片面的自我认识：自负者缩小自己的短处，夸大自己的长处。缺乏自知之明，对自己的能力评价过高，对别人的能力评价过低，自然产生自负心理。这种人往往好大喜功，取得一点小小的成绩就认为自己了不起，成功时完全归因于自己的主观努力，失败时则完全归咎于客观条件的不合作，过分的自恋和以自我为中心，把自己的举手投足都看得与众不同。

（4）情感上的原因：一些人的自尊心特别强烈，为了保护自尊心，在交往挫折面前，常常会产生两种既相反又相通的自我保护心理。一种是自卑心理，通过自我隔绝，避免自尊心的进一步受损；另一种就是自负心理，通过自我放大，获得自卑不足的补偿。例如，一些家庭经济条件不很好的人，深怕被经济条件优越的人看不起，便会假装清高，在表面上摆出看不起这些优越者的样子。这种自负心理是自尊心过分敏感的表现。

夜郎国的国君因为问了汉使一句“汉朝与夜郎国谁个大”，那顶“夜郎自大”的妄自尊大的帽子，就铁板上钉钉子似的，无可争议地一戴就是千百年没商量。不过，夜郎国王的“自大”“大”得很有道理。

因为夜郎国地处偏远的贵州西北部，他虽贵为一州之王，但“不知汉广大”。从人之常情来说，从人之好奇心来讲，面对不远万里而来的汉朝使者，无论换了谁，都会问一声“汉孰与我大”的。而且他作为一国之君，是更有责任去了解这个与他的国家命运息息相关的汉朝的基本国情的。更何况古有语云“不知不为过”，本“不知汉广大”的夜郎国王，又何过之有呢？如果夜郎国王明知道汉朝比自己大得不可相比，他还要如此相问，那他才当之无愧是一个失却了理智的妄自尊大之人呢！

而夜郎国王之所以会问这个被世人视为愚不可及的自讨其辱的问题，根本原因还在于夜郎国王面对着让他俯首称臣的汉使者，他心有不服，心有不甘，于是他要问“汉孰与我大”。他的言外之意便是，如果汉朝并不太大，甚至于没有夜郎国大，那么他又为什么要我俯首称臣呢？由此看来，夜郎自大，不仅不是妄自尊大，而且还是自强不屈精神的表现。他敢与汉朝比大，至少可以说明，他并不认为他的夜郎国弱小可欺，可以随随便便臣服于任何人，即使面对强者，他也要问一问，争一争。这样的夜郎自大，是无可非议的。如果面对汉使者，夜郎国王不仅不敢问汉大汉小，而且一上来就是唯唯诺诺，俯首帖耳，一副妄自菲薄的奴才模样，毫无一点自强不息的精神，这样“自小”的夜郎，才应当令人鄙视耻笑呢。

这里还需指出的是，汉朝人修的《汉书》，自然难免“大国沙文主义”思想，对边远的所谓荒蛮之地，历来鄙视之，在他们看来，这些夜郎国们只能老老实实俯首称臣，绝不可有非分之想，所以夜郎国王只是问了一声“汉孰与我大”，他们就觉得是不可思议的愚昧和妄自尊大，要竭尽嘲讽之能事了，而后人也因果相袭，囿于成见，懒于细加考究了。

人，其实是很需要一些貌似妄自尊大，实则是敢于争强争胜的“夜郎自大”精神的，特别是那些弱小者，面对各式各样的挑战，总要比一比，争一争，绝对不可轻易言败。

事实上也是如此，没有一个人能够有足够骄傲的资本，因为任何一个人，即使他在某一方面的造诣很深，也不能够说他已经彻底精通，彻底研究全了。“生命有限，知识无穷”，任何一门学问都是无穷无尽的海洋，都是无边无际的天空……所以，谁也不能够认为自己已经达到了最高境界而停步不前、趾高气扬。如果是那样的话，则必将很快被同行赶上、被后人超过，到那时，试想，你还有什么可自负的呢？

“没有证据我不能认定是他做的”：克服猜疑型性格弱点

有一个寓言，说的是“疑人偷斧”的故事：

一个人丢失了斧头，怀疑是邻居的儿子偷的。从这个假想目标出发，他观察邻居儿子的言谈举止、神色仪态，无一不是偷斧的样子，思索的结果进一步巩固和强化了原先的假想目标，他断定窃贼非邻居的儿子莫属了。可是，不久他在山谷里找到了斧头，再看那个邻居儿子，竟然一点也不像偷斧者。

这个人从一开始就自己给自己先下了一个结论，然后自己走进了猜疑的死胡同。由此看来，猜疑一般总是从某一假想目标开始，最后又回到假想目标，就像一个圆圈一样，越画越粗，越画越圆。最典型的恐怕就是上面这个例子了。现实生活中猜疑心理的产生和发展，几乎都同这种作茧自缚的封闭思路主宰了正常思维密切相关。

我国古代寓言“疑人偷斧”讽刺了那种疑心重重，戴着有色眼镜看人，甚至毫无根据地猜疑他人的人。在猜疑心的作用下，被猜疑人的一言一行往往都被罩上可疑的色彩，即所谓“疑心生暗鬼”。有些人疑心病较重，乃至形成惯性思维，导致心理变态。一个人如果心胸过于狭窄，对同事、朋友乃至家人无端猜疑，不但会影响工作、影响人际关系、影响家庭和睦，还会影响自己的心理健康。

猜疑是建立在猜测基础之上的，这种猜测往往缺乏事实根据，只是根据自己的主观臆断毫无逻辑地去推测、怀疑别人的言行。猜疑的人往往对别人的一言一行很敏感，喜欢分析深藏的动机和目的，看到别人悄悄议论就疑心在说自己的坏话，见别人学习过于用功就疑心他有不良企图。

好猜疑的人最终会陷入作茧自缚、自寻烦恼的困境中，结果还导致自己的人际关系紧张，失去他人的信任，挫伤他人和自己的感情，对心理健康构成极大地危害。为此英国思想家培根说：“猜疑之心如蝙蝠，它总是在黄昏中起飞。这种心情是迷惑人的，又是乱人心智的。它能使你陷入迷惘，混淆敌友，从而破坏人的事业。”

哪怕是一点点猜疑，也可能让你失去最珍贵的东西。

一个小镇商人有一对双胞胎儿子。当这对兄弟长大后，就留在父亲经营的店里帮忙，直到父亲过世，兄弟俩接手共同经营这家商店。

生活一切都很平顺，直到有一天一块美金丢失后，关系开始发生变化：哥哥将一块美金放进收银机，并与顾客外出办事，当他回到店里时，突然发现收银机里面的钱不见了！

他问弟弟：“你有没有看到收银机里面的钱？”

弟弟回答：“我没有看到。”

但是哥哥对此事一直耿耿于怀，咄咄逼人地追问，不愿罢休。他说：“钱不会长了腿跑掉的，我认为你一定看见了这一块钱。”语气中隐约地带有强烈的质疑意味，怨恨油然而生，不久手足之情就出现了严重的隔阂。

开始双方不愿交谈，后来决定不再一起生活，在商店中间砌起了一道砖墙，从此分居而立。20年过去了，敌意与痛苦与日俱增，这样的气氛也感染了双方的家庭与整个社区。

20年后的一天，有位开着外地车牌汽车的男子，在哥哥的店门口停下。他走进店里问道：“您在这个店里工作多久了？”哥哥回答说他这辈子都在这店里服务。

这位客人说：“我必须要告诉您一件往事：20 年前我还是个不务正业的流浪汉，一天流浪到你们这个镇上，已经好几天没有进食了，我偷偷地从您这家店的后门溜进来，并且将收银机里面的一美元取走。虽然时过境迁，但对这件事情我一直无法忘怀。一块钱虽然是个小数目，但是深受良心的谴责，我必须回到这里来请求您的原谅。”

当说完原委后，这位访客很惊讶地发现店主已经热泪盈眶并语带哽咽地请求他：“是否也能到隔壁商店将故事再说一次呢？”当这位陌生男子到隔壁说完同样故事以后，他惊愕地看到两位面貌相像的中年男子，在商店门口痛哭失声、相拥而泣。

20年的时间，怨恨终于被化解，兄弟之间存在的对立也因而消失。可是谁又知道，20 年猜疑的萌生，竟是源于区区一块美金的消失。

不知道你是否曾有这样的体会：当几个同事聚在一块悄悄说话时，你会怀疑他们正在讲你的坏话；你告诉朋友一个秘密后，你会不停地想他是否会讲给别人听；老板在会上说了公司发生的不好现象，你会怀疑是不是针对自己说的；一位同事近来对你的态度冷淡一些，你会觉得他可能对你有了看法……如果你有这些情况，那么可以说你的猜疑心较重。

有些人在某方面自认为不如别人，但自尊心过强，因而总以为别人在议论自己、算计自己、看不起自己。越想越认为是真的，由此陷入猜疑怪圈而无力自拔。有些人以往比较轻信别人，并视之为知己，告诉许多个人的秘密，但却遭到他的欺骗，从而蒙受了巨大的挫折和失败，甚至导致很强的防御心理，不愿再信任他人，遇到什么事情都要怀疑再三。这些都可能导致猜疑不断。

猜疑似一条无形的绳索，会捆绑我们的思路，使我们远离朋友。如果猜疑心过重的话，那么就会因一些可能根本没有或不会发生的事而忧愁烦恼、郁郁寡欢。猜疑者常常忌妒心重，比较狭隘，因而不能很好地与朋友交流，其结果可能是无法结交到朋友，变得孤独寂寞，对身心健康都有危害，因此需要加以改变：

（1）理性思考，不无端猜疑。

当发现自己生疑时，不要朝着猜疑的方向思考，而应问自己：为什么我要这样想？理由何在？如果怀疑是错误的，还有哪几种可能发生的情况？在做出决定前，多问几个为什么是有利于冷静思索的。

（2）发现自己的优点，增强自信心。

每个人都不是十全十美的，都有自己的优点和不足。不要只看到缺点而灰心丧气，更重要的是发现自己的优势，培养自信心和爱心，相信自己有能力，会给他人一个良好印象。这样就会充满信心地学习和生活。

（3）增强对自我的调节能力。

一个人在人生旅程中，难免会遭到别人的议论和流言，但不必放在心上，但丁有一句名言：走自己的路，让别人说去吧。要善于调节自己的心情，不要在意他人的议论，该怎样做还是怎样做，这样不仅解脱了自己，而且产生的怀疑也会烟消云散。

（4）加强交流，解除疑惑。

有些猜疑来源于相互的误解，如果是这种情况的话，就应该通过适当的方式，两人坐下来交流。通过谈心，不仅可以使各自的想法为对方了解，消除误会，而且还能避免因误解而产生的冲突。

总之，猜疑往往是心灵闭锁者人为设置的心理屏障。只有敞开心扉，将心灵深处的猜测和疑虑公之于众，增加心灵的透明度，才能求得彼此之间的了解沟通，增加相互信任，消除隔阂，获得最大限度地谅解。

当我们开始猜疑某个人时，最好能先综合分析一下他平时的为人、经历以及与自己多年共事交往的表现，这样有助于将错误的猜疑消灭在萌芽状态。

“我也可以完成得很好”：克服自卑型性格弱点

自卑，就是自己轻视自己，看不起自己。自卑心理严重的人，并不一定就是他本人具有某种缺陷或短处，而是不能悦纳自己，自惭形秽，常把自己放在一个低人一等、不被自己喜欢，进而演绎成别人看不起的位置，并由此陷入不可自拔的境地。

自卑的人心情低沉，郁郁寡欢，常因害怕别人瞧不起自己而不愿与别人来往，只想与人疏远，缺少朋友，甚至自疚、自责、自罪；他们做事缺乏信心，没有自信，优柔寡断，毫无竞争意识，享受不到成功的喜悦和欢乐，因而感到疲劳，心灰意冷。

由于自卑的人大脑皮层长期处于抑制状态，中枢神经系统处于麻木状态，体内各器官的生理功能相应得不到充分的调动，不能发挥各自的应有作用；同时分泌系统的功能也因此失去常态，有害的激素随之分泌增多；免疫系统失去灵性，抗病能力下降，从而使人的生理过程发生改变，出现各种病症，如头痛、乏力、焦虑，反应迟钝，记忆力减退，食欲不振，性功能低下等，这些表现都是衰老的征兆所在。

可见，自卑性格就是促使一个人在人生道路上常走下坡路，加速自身衰老的催化剂，因此，希望健康的人如果想要防止早衰，就应摒弃自卑心理，客观地分析自我，认识自我，热爱自我，树立起生活的勇气。

长期被自卑情绪笼罩的人，一方面感到自己处处不如人，一方面又害怕别人瞧不起自己，逐渐形成了敏感多疑、多愁善感、胆小孤僻等不良的个性特征。自卑使他们不敢主动与人交往，不敢在公共场合发言，消极应付工作和学习，不思进取。因为自认是弱者，所以无意争取成功，只是被动服从并尽力逃避责任。

自卑的人，总哀叹事事不如意，老拿自己的弱点比别人的优点，越比越气馁，甚至比到自己无立足之地。有的人在旁人面前就脸红耳赤，说不出话；有的人遇上重要的会面就口吃结巴；有的人认为大家都欺负自己因而厌恶他人。因此，若对自卑感处置不妥，无法解脱，将会使人消沉，甚至走上邪路，堕入犯罪的深渊，或走上自杀的道路。不良少年为了逃避自卑感会加入不良集团或团伙。

与此同时，长期被自卑感笼罩的人，不仅自己的心理活动会失去平衡，而且生理上也会引起变化，最敏感的是心血管系统和消化系统，将会受到损害。生理上的变化反过来又影响心理变化，加重人的自卑心理。

自卑，是个人对自己的不恰当的认识，是一种自己瞧不起自己的消极心理。在自卑心理的作用下，遇到困难、挫折时往往会出现焦虑、泄气、失望、颓丧的情感反应。一个人如果做了自卑的俘虏，不仅会影响身心健康，还会使聪明才智和创造能力得不到发挥，使人觉得自己难有作为，生活没有意义。所以，克服自卑心理是一个重要的心理健康问题。

怎样才能从自卑的束缚下解脱出来呢？可以采用以下的方法：

（1）清楚自己的想法。

有时候，问题的关键是我们的想法，而不是我们想什么事情。人的自卑心理来源于心理上的一种消极的自我暗示，即“我不行”。正如哲学家斯宾诺莎所说：“由于痛苦而将自己看得太低就是自卑。”这也就是我们平常说的自己看不起自己。悲观者往往会有抑郁的表现，他们的思维方式也是一样的。所以先要改变带着墨镜看问题的习惯，这样才能看到事情明亮的一面。

（2）要增强自信心。

因为只有自己相信自己，乐观向上，对前途充满信心，并积极进取，才是消除自卑、促进成功的最有效的补偿方法。悲观者缺乏的，往往不是能力，而是自信。他们往往低估了自己的实力，认为自己做不来。记住一句话：你说行就行。事情摆在面前时，如果你的第一反应是我行，我能够，那么你就会付出自己最大的努力去面对它。同时，你知道这样继续下去的结果是那么诱人，当你全身心投入之后，最后你会发现你真的做到了；反之，如果认为自己不行，自己的行为就会受到这念头的影响，从而失去太多本该珍惜的好机会，因为你一开始就认为自己不行，最终失败了也会为自己找到合理的借口："瞧，当初我就是这么想的，果然不出我所料！"

（3）正确看待自己。

对过去的成绩要作分析。自我评价不宜过高，要认识自己的缺点和弱点。充分认识自己的能力、素质和心理特点，要有实事求是的态度，不夸大自己的缺点，也不抹杀自己的长处，这样才能确立恰当的追求目标。特别要注意对缺陷的弥补和优点的发扬，将自卑的压力变为发挥优势的动力，从自卑中超越。

当在现实中陷入困境后，不要从一个极端跳到另一个极端。切不可为了面子羞于求教，而要向老师、同学或同事虚心学习。俗话说"尺有所短，寸有所长""金无足赤，人无完人"。每个人都有长处与短处，因此，正确的比较应该全面。既比上，又比下；既比优点，也比缺点。跟下比，看到自身的价值；跟上比，鞭策自己求进步。这样，就会得出"比上不足，比下有余"的结论。世上任何人都逃脱不了这个公式，明白了这一点，心理也就取得了平衡点。其实，最重要的比较，是自己跟自己比。走自己的路，奋发努力，不断进步，放出自己的光和热，这就是光荣的、有意义的人生。

（4）看待事物要客观全面。

具有自卑心理的人，总是过多地看重自己不利和消极的一面，而找不到有利、积极的一面，缺乏客观全面地分析事物的能力和信心。这就要求我们努力提高自己透过现象抓本质的能力，客观地分析对自己有利和不利的因素，尤其要看到自己的长处和潜力，而不是妄自嗟叹、妄自菲薄。

（5）以积极的心态处世。

不要总认为别人看不起你而离群索居。你自己瞧得起自己，别人也不会轻易小看你。能不能从良好的人际关系中得到激励，关键还在自己。要有意识地在与周围人的交往中学习别人的长处，发挥自己的优点，多从群体活动中培养自己的能力，这样可预防因孤陋寡闻而产生的畏缩躲闪的自卑感。

（6）在进取中弥补自身的不足。

有自卑心理的人大都比较敏感，容易接受外界的消极暗示，从而愈发陷入自卑中不能自拔。如果能正确对待自身缺点，把压力变动力，奋发向上，就会取得一定的成绩，从而增强自信，摆脱自卑。

有个小男孩名叫汤姆·邓普西。他生下来就只有半只右脚和一只畸形的右手。但他父母亲常会告诉他："汤姆，其他男孩能做的事情你都能做。为什么不能呢？你没有任何比别人差劲的地方，任何孩子可以做的事情，你一样能做到！"

后来汤姆要玩橄榄球。他发现自己比在一起玩的其他男孩要踢得远多了。为了能实现这个愿望并发挥出这种能力，他找人为他定做了一双鞋子。

他参加了踢球测验，并且得到了一份卫锋队的合约。但教练却婉转地告诉他："你不具有做职业橄榄球员的条件，去试试其他的事业吧！"最后他申请进入新奥尔良圣徒队，教练看他对自己充满了信心，就抱着试试看的态度收了他。两星期后，教练完全改变了想法，因为他在一次友谊赛中因踢出55码远的好成绩而得分，这使他获得圣徒队职业球员的身份，而且在那一季中为他的球队得了99分。

最伟大的一天到来了！那天球场上坐满了6万多球迷。球是在28码线上，比赛只剩下几分钟，球队把球已经推进到35码线上，但是可以说根本就没有时间了。“汤姆·邓普西，进场踢球！”教练大声说。当汤姆走进场的时候，他知道他的队距离得分线有55码远，这也等于说他要踢出63码远。在正式比赛中踢得最远的纪录是55码，由巴尔的摩雄马队毕特·瑞奇查踢出来的。汤姆闭上眼睛对自己说道：“我一定能行！”

只见他全力踢在球身上，球笔直前进，但是踢得够远吗？6万多球迷屏气观看，然后看见终端得分线上的裁判举起了双手，表示得了3分。球在球门横杆之上几寸的地方越过，汤姆所在的球队以19比17获胜。球迷疯狂呼叫，为踢得最远的一球而兴奋。“真是难以相信！”有人大声叫道。这居然是由只有半只右脚和一只畸形手的球员踢出来的！但汤姆只微微一笑，他想起了父母，他们一直告诉他的是他能做什么，而不是他不能做什么。他之所以能创造出如此了不起的纪录，正如他自己所说的：“我从来不知道我有什么不能做的，也没人这样告诉过我！”

在人际关系方面，拥有自卑型性格障碍的人封闭自己，阻碍与他人的交往、交流，久而久之，会发展到自闭的可悲状态，这种状态反过来又会加剧与人的交往沟通，形成恶性循环，因此，一定要重视起来。

爱迪生说：“如果我们能做出所有我们能做的事情，我们毫无疑问地会使自己大吃一惊。”你一生中有没有为自己的潜能大吃一惊过？事实上，人通常比自己认为的要好得多，对你的能力抱着肯定的想法，这样就能发挥出心智的力量，彻底摒弃自卑并且会产生有效的行动。

“我应该祝贺他取得优异成绩”：克服忌妒型性格弱点

忌妒是痛苦的制造者，在各种心理问题中是对人伤害最严重的，可以称得上是心灵上的恶性肿瘤。如果一个人缺乏正确的竞争心理，只关注别人的成绩，忌妒他人，同时内心产生严重的怨恨，时间一久心中的压抑聚集就会形成忌妒心理，对健康也会造成极大伤害。

伯特兰·罗素是20世纪声誉卓著、影响深远的思想家之一，1950年诺贝尔文学奖获得者。他在其《快乐哲学》一书中谈到忌妒时说：“忌妒尽管是一种罪恶，它的作用尽管可怕，但并非完全是一个恶魔。它的一部分是一种英雄式的痛苦的表现：人们在黑夜里盲目地摸索，也许走向一个更好的归宿，也许只是走向死亡与毁灭。要摆脱这种绝望，寻找康庄大道，文明人必须像他已经扩展了他的大脑一样，扩展他的心胸。他必须学会超越自我，在超越自我的过程中，学得像宇宙万物那样逍遥自在。”

忌妒心理对于人际关系有着极大的破坏性，是人际交往典型的心理障碍，要是取得成功的极大阻碍，正如黑格尔所说：“有忌妒心的人不能完成伟大事业，便尽量低估他人的伟大，贬低他人的伟大性使之与他本人相齐。”

忌妒是对与自己有联系的而强过自己的人的一种不服、不悦、失落以及怨恨的情感，当看到与自己有联系的人取得了超过自己的优势地位或成绩，便产生一种记恨心理，因此，当对方遭遇困难或者陷于困境时，隔岸观火，幸灾乐祸，甚至落井下石，中伤、为难对方。

忌妒心强的人，当发现对方稍有比自己强的地方，忌妒心理就滋生出来，开始寻找一切机会打击对方。有这样心理的人，是无论如何与他人处不好关系的，原先的好关系也会被破坏掉，因此，一定要克服这种心理。

通常，可以采用下面的办法克服忌妒心理：

（1）学会自我宣泄。

有时面对生活和事业上的巨大落差，或社会的种种不公正现象，人们都难免一时的心理失衡和忌妒。这时，要是实在无法化解的话，也可以适当地宣泄一下。可以找一个较知心的亲友，痛痛快快地说个够，出气解恨，暂求心理的平衡，然后由亲友适时地进行一番开导。发泄完以后你可能就会觉得好受许多。当然，这种方式并不能最终解决忌妒心理，还需要其他方面的调整。

（2）树立正确的人生观。

天空何其宽广，但比天空更宽阔的是人的胸怀。要胸怀大度，宽厚待人。每个人都有成功的渴望，我们在渴望成功或者获得成功时也一定要尊重别人的成绩和才华。

（3）正确理解竞争。

如今社会上竞争无处不在。当看到别人在某些方面超过自己的时候，不要盯着别人的成绩怨恨，更不要企图把别人拉下马，而应采取正当的策略和手段，在“干”字上狠下工夫。忌妒是无法让你成功的。

（4）正确认识成功。

有了关于成功的正确价值观就能在别人有成绩时，会肯定别人的成绩，并且虚心向对方学习，迎头赶上，以靠自己努力得来的成功为荣。采取正确的比较方法，将人之长比己之短，而不是以己之长比人之短。

（5）正确评价他人的成绩。

忌妒心往往是由于误解所引起的，即人家取得了成就，便误以为是对自己的否定。其实，一个人的成功是付出了许多的艰辛和巨大的代价的，人们给予他赞美、荣誉，并没有损害你，也没有妨碍你去获取成功，所以，你要做的是向对方真心祝贺，之后努力迎头赶上。

（6）提高心理健康水平。

心理健康的人总是胸怀宽阔，做人做事光明磊落。而心胸狭窄的人，才容易产生忌妒。虚荣心是忌妒产生的重要根源。虚荣心是一种扭曲了的自尊心。自尊心追求的是真实的荣誉，而虚荣心追求的是虚假的荣誉。对于忌妒心理来说，死要面子，不愿意别人超过自己，以贬低别人来抬高自己，正是一种虚荣，一种空虚心理的需要。所以克服一份虚荣心就减少一分忌妒。忌妒心一经产生，就要立即把它打消掉，以免其在自己的生活中作祟。这种方法，需要靠积极进取，使生活充实起来，以期取得成功。

（7）能客观评价自己。

忌妒是一种突出自我的表现。无论什么事，首先考虑到的是自身的得失，因而引起一系列的不良后果。所以当忌妒心萌发时，或是有一定表现时，要能够积极主动地调整自己的意识和行动，从而控制自己的动机和感情。这就需要冷静地分析自己的想法和行为，同时客观地评价一下自己，找出一定的差距和问题。当认清了自己后，再重新看别人，自然也就能够有所觉悟了。

（8）寻找真正的快乐。

我们要善于从生活中寻找真正的快乐。如果一个人总是想：比起别人可能得到的欢乐，我的那一点快乐算得了什么呢？那么他就会永远陷于痛苦之中，陷于忌妒之中。快乐是一种情绪心理，忌妒也是一种情绪心理。何种情绪心理占据主导地位，主要靠自己来调整。如果我们能从帮助别人中，从娱乐休闲中，从自然美景中，从甜蜜爱情中，从家庭温暖中找到快乐的话，就不会把伤害别人所得到的那点暂时的满足看得那么重要了。

帮助别人成功是一个比较高的要求，并非所有的人都能做到这一点。历史上有很多伟人和许多虽然平凡却十分高尚的人为我们做出了榜样。

19 世纪初，肖邦从波兰流亡到巴黎。当时匈牙利钢琴家李斯特已蜚声乐坛，而肖邦还是一个默默无闻的小人物。然而李斯特对肖邦的才华却深为赞赏。怎样才能使肖邦在观众面前赢得声誉呢？李斯特想了妙法：那时候在钢琴演奏时，往往要把剧场的灯熄灭，一片黑暗，以便使观众能够聚精会神地听演奏。李斯特坐在钢琴面前，当灯一灭，就悄悄地让肖邦过来代替自己演奏。观众被美妙的钢琴演奏征服了。演奏完毕，灯亮了。人们既为出现了这位钢琴演奏的新星而高兴，又对李斯特推荐新秀深表钦佩。

人外有人，天外有天，谁也不能说老子天下第一，即使你已经很强了，但总有超过你的人，忌妒和打击是不会让你超过对方的，反而会让你心境滑落，与人交恶，人际关系败坏，如若不知悔改，终将会让自己陷于万劫不复的境地。

“路要越走越宽”：克服狭隘型性格弱点

在日常生活中，有些神情沮丧、郁郁寡欢的人，问起实际年龄，常会使你吃惊地感到其衰老程度确实与实际年龄不符；而笑口常开、精神愉快的人却比实际年龄显得年轻。

性格学专家发现，性格开朗的人，其新陈代谢率较高，内分泌系统平衡协调，各项生命指标，如血压、脉搏等相对稳定；而心胸狭隘、忧郁的人，其结果正好相反。

这些生理现象实质上是由心理因素引起的。心胸狭隘、心情忧郁的人，好静不好动，饮食少而无规律，经常失眠，神经衰弱，爱发脾气、生闷气等。如果上述性格与生活习惯交互作用，会互相加剧，形成恶性循环，结果导致内分泌紊乱，组织器官因养分不足而过早衰老。

性格开朗的人喜爱运动，心胸开阔，乐观向上，这些良好的生活习惯与性格特点形成良性循环，有利于内分泌系统平衡稳定，他们的组织器官新陈代谢旺盛，从而使机体充满活力。可见，不同性格的人，其生活习惯，直接或间接地影响到人的健康和衰老。

朱德有诗曰：“开心才见胆，破腹任人钻，腹中天地宽，常有渡人船。”有了这样的胸襟和情怀，就会在人际交往中表现出虚怀若谷、雍容大度的谦谦君子之风。在为人处世中尽可能地去理解他人、体谅他人、关心他人、帮助他人，对人不求全责备，不斤斤计较，与人为善，宽宏大度，不计前嫌，不报私怨，这些都是我们待人接物应该遵循的基本原则。只有这样，才能兼容万事万物，同各种人搞好关系，化解人与人之间的矛盾冲突，沟通人与人之间的心灵、感情，增加了解，加深友情，从而促进人际关系的和谐融洽。即使碰到不顺心、难如意的事也不要斤斤计较，耿耿于怀。这必然要求我们在实际生活中真正做到宽容待人、豁达处世。

（1）待人要宽容。

常言道，化干戈为玉帛者是机智坦荡之人，化仇恨为友情者是胸怀博大之人。忍受一时的怨恨，能使人终身受益。

“胯下之辱”的故事脍炙人口。西汉大将韩信年轻时曾受到一个屠夫的为难，那个屠夫骄狂地对韩信说：“你敢不敢在我身上扎两刀？如果不敢，那么就从我胯下爬过去。”韩信听罢，非常生气，心想自己一身武艺还怕你一个小无赖不成？正待发作，但转念一想，我为什么要跟一个屠夫一般见识呢？于是一咬牙，从屠夫胯下爬了过去。后来，韩信当了大将军，他不但没有因为“胯下之辱”而杀那个屠夫，反而给了他一些钱，委派他担任一个职务，使其深受感动。那个屠夫后来成了护卫韩信的忠诚卫士。

我们生活在一个社会大家庭之中，人与人之间难免会出现一些磕磕碰碰，如有的伤了自己的面子，有的让自己下不了台，有的当众给自己难堪，有的对自己抱有成见，等等。遇到这些事情，我们应该以自己的宽宏大度促使他人反躬自省。如果“针尖对麦芒”，针锋相对，以牙还牙，反而会把事态扩大，甚至激化矛盾，于己于人都没有好处。“退一步海阔天空”，“大度能容天下事”，我们应该以这种胸怀，妥善处理日常工作、生活中遇到的一些问题，这样才能处理好人际关系，更好地享受到工作、学习、生活的乐趣。

（2）办事要理智。

年轻人心理还不成熟，遇事易受情绪控制，一旦受了委屈，遇到挫折，容易失去理智而做出一些傻事蠢事来。因此，遇事都要先问问自己，“这样做正确不正确？”“这样做的后果如何？”多问几个为什么之后，可以有效地克服“豁出去”的想法和做法。

有个男孩，当他带着给女友买的礼物回家的那天，想不到自己的女友竟然正在与另一位男青年举行婚礼。一时间，多少愤怒、多少痛苦涌上心头，他真想冲进婚礼现场，弄它个天翻地覆。但是，理智使他控制住了脚步，他不断地问自己："我这样做就能够得到爱情吗？"得到的答案是否定的。于是，在极短的时间内，他及时调整了情绪，克制了感情和行为的冲动，淡定从容地走近婚礼现场，并很有礼貌地将礼物送给昔日女友。

（3）处世要豁达。

遇事要想开一些，而不能像《红楼梦》中的林黛玉那样小心眼，连一粒沙子都容不下。要胸怀宽广，能容人，能容事，能容批评，能容误解。在工作和生活中，人与人相处，难免会发生一些矛盾和纠纷，而这些矛盾和纠葛大部分都是无意中引发的，并不是什么原则问题。只要彼此保持清醒的头脑，互相谦让，互相谅解，问题是不难解决的。即使有人故意"冒犯"了自己，也应以团结为重，冷静对待和处理。

总之，与人相处应热情、直率，善于团结互助，融"小我"于"大我"之中。一个人活在世上，就要充分地挖掘生命的潜能，活得有价值，给社会做出应有的贡献。人，一旦把眼光放在大事上，对自己一时的得失就不会太放在心上；对整体、全局有利的人与事就都能容纳与接受，就不会遇事斤斤计较，做到"心底无私天地宽"。

“赠人玫瑰手有余香”：克服吝啬型性格弱点

吝啬，就是小气。吝啬与吝惜不同，吝惜是对所有的财物十分珍惜，不浪费，不大手大脚，是一种勤俭节约的好行为。《三国志·魏志·王萧德评》曰：“吝惜财物，而治身不秽。”意谓珍惜财物，不铺张浪费，是一种好品德。教育家徐特立早期在长沙办学，非常勤俭，常常将别人丢弃的半截粉笔拿来写字。他曾在诗中写道：“半截粉笔犹爱惜，公家物件总宜珍。诸生不解余衷曲，反谓余为算细人。”

而吝啬则是一种不正常的心态和行为。《三国志·魏志·曹洪传》曰：“始洪家富而性吝啬。”《颜氏家训·治家》曰：“吝者，穷急不恤之谓也。”可见吝啬是一种有能力资助或帮助他人，却不肯付诸于行动的行为。

吝啬之人都非常计较个人的得失，遇事总怕自己吃亏。他可以大慷公家之慨，对个人利益却丝毫不能让步。为了既得利益，可以六亲不认，甚至“鸡犬之声相闻，老死不相往来”。对别人的苦楚也表现出冷漠无情的样子，毫无怜悯之心，甚至落井下石。吝啬之人很少参与社会活动，也不关心周围的事物，“事不关己，高高挂起，明知不对，少说为佳”。他们不愿帮助别人，因此很少有知心朋友，有了困难也就很难得到他人的帮助。

如今有一个独特现象，越是大城市，越是收入高的地区，人们就越吝啬、越计较个人的得失；而在很多偏远的地方，人们的收入水平很低，却乐意帮助乡邻。目前在城市中流行的AA制，也许是经济平等，保持独立的一种做法，但是也容易滋生吝啬、冷漠、自私的心理。

吝啬之人的另一个称呼，就是“一毛不拔”的“铁公鸡”。

有一个讽刺吝啬的故事很有意思：

有这么一个很有钱却非常吝啬的人，他从来没有想过要给别人东西，连别人叫他讲“布施”这两个字，他都讲不出口，只会“布、布、布……”个半天，好像一讲出这两个字，自己就会有所损失。

佛陀知道了这件事后，就想去教化他，于是到了他住的城镇去开示。佛陀就告诉大家布施的功德：一个人这辈子之所以富有，比别人长得高、长得帅，所有一切美好的事物，都跟上辈子的布施有关。

这个吝啬的人听了佛陀的话之后很感动，可是他仍然布施不出去，他为此深感烦恼，便跑去找佛陀，对佛说：“世尊呀！我很想布施，但是做不到。”佛陀从地上抓了一把草，把草放在他的右手，然后要他张开左手，佛陀说：“你把右手想成是自己，把左手想成是别人，然后把这把草交给别人。”

这个吝啬的人一想到要把这把草给别人，就呆住了，想得满头大汗，仍然舍不得给出去，最后，他突然开悟：“原来左手也是我自己的手。”就赶紧把草给出去，自己也为此深感欣慰。第二次他只约花了一分钟，就把草给出去。后来，他很轻松就可以把草给出去。佛陀又说：“现在你把草放在左手，把右手张开，将草交给别人。”第一次他也是想了半天才给出去，第二次他很容易就交出去。最后，佛陀对他说：“你现在把这把草给别人。”他便把这把草给了别人。

经过不断的练习，这个有钱人不但可以把财物布施给别人，最后把身体也布施给了别人，结果求得了菩提。

菩提的追求没有资格的限制，再吝啬、再坏的人，只要决心想追求菩提，就可以透过训练开启菩提心。训练开启菩提心最简单的方法只有一个：就是时时让自己往美好、光明、良善的地方走。

大千世界中，谁也不愿做孤家寡人，而在人与人相处的过程中，彼此的关心与帮助也是不可缺少的。每个人都有需要别人帮助的时候，今天帮人一把，日后自己有难处，也定会得到他人的关心和帮助，你对别人不吝啬，别人也不会对你吝啬。你慷慨地对待命运，命运也会慷慨地对待你。相反，你对人吝啬，又怎么可能要求对方对你慷慨呢？礼尚往来是人情的根本之一。

“我要与你做朋友”：克服自闭型性格弱点

自我封闭是指个人将自己与外界隔绝开来，很少或根本没有社交活动，除了必要的工作、学习、购物以外，大部分时间将自己关在家里，不与他人来往。自我封闭者都很孤独，没有朋友，甚至害怕社交活动。自我封闭的心理现象在各个年龄层次都可能产生。儿童有电视幽闭症，青少年有因羞涩引起的恐人症、社交恐惧心理，中年人有社交厌倦心理，老年人有因“空巢”（指子女成家）和配偶去世而引起的自我封闭心态。同时，在不同的历史年代都可能存在这一现象。

有封闭心态的人不愿与人沟通，很少与人讲话，不是无话可说，而是害怕或讨厌与人交谈，前者属于被动型，后者属于主动型。他们只愿意与自己交谈，如写日记、撰文咏诗，以表志向。自我封闭行为与生活挫折有关，有些人在生活、事业上遭到挫折与打击后，精神上受到压抑，对周围环境逐渐变得敏感，变得不可接受，于是出现回避社交的行为。

自我封闭型性格实质上是一种心理防御机制。由于个人在生活及成长过程中常常可能遇到一些挫折，挫折引起个人的焦虑。有些人抗挫折的能力较差，使得焦虑越积越多，他只能以自我封闭的方式来回避环境，降低挫折感。

自我封闭性格与人格发展的某些偏差有因果关系。从儿童来讲，如果父母管教太严，儿童便不能建立自信心，宁愿在家看电视，也不愿外出活动。从青少年来讲，同一性危机是产生自我封闭心理的重要原因。该危机是青年企图重新认识自己在社会中的地位和作用而产生的自我意识的混乱，即指青年人向各种社会角色学习技能与为人处世策略。如果他没有掌握这些技能与策略，就意味着他没有获得生活自信心以进入某种社会角色，他不认识自己是谁，该做些什么，如何与他人相处。于是，他就没有发展出与别人共同劳动和与他人亲近的能力，而退回到自己的小天地里，不与别人有密切的往来，这样就出现了孤单与孤立。从中年人来讲，如果一个人不能关心和爱护下一代，为下一代提供物质与精神财富（还应包括整个家庭成员），那他就是一个“自我关注”的人。这种人只关心自己，不与他人来往，或者自我评价低而懒于与人交往。从老年人来讲，丧偶丧子的打击，很易使人心灰意冷，精神恍惚，对生活失去信心，不能容纳自己，常常表现为十分恋家。

自闭的人往往有些孤独，在生活中也会犯一些“小错误”。由于道德观念太强烈，导致自责自贬，自己做错了事，就看不起自己，贬低自己，甚至辱骂讨厌摒弃自己，总觉得别人在责怪自己，于是深居简出，与世隔绝。有些人十分注重个人形象的好坏，总是觉得自己长得丑。这种自我暗示，使得他们非常注意别人的评价，甚至别人的目光，最后干脆拒绝与人来往。

有些人由于幼年时期受到过多的保护或管制，他们内心比较脆弱，自信心也很低，只要有人一说点什么，就乱对号入座，心里紧张起来。他们最怕到公开场合去，在生人面前常显得束手无策，于是干脆躲在家中不出来。也有些人宁愿独身也不愿成家，大男不成家，大多是不愿意承担起建立家庭、养育子女的责任；大女不出嫁，是在期待出现理想中的“白马王子”。他们或者回避现实，或者期望过高，都将自己封闭起来。

我们生下来就要面对一个花花绿绿的世界。我们可以不说金钱，可以不说权力，可以不说各种各样的物欲和诱惑。我们不说金钱，我们最多沦为穷人；我们不说权力，我们最无奈是个平民；我们不说物欲和诱惑，我们最终将会心静如水。但我们不能不说感情，不能不说相互依伴，不能不说手和手真诚相握，心与心合拍地共鸣。我们不说这些，就会变成痴人，我们的心很快就会被荒芜吞噬。

生活中确实常有些人过于洁身自好，或自命清高，不好交往；也有些人过于自卑，缺乏积极从事交往和活动的勇气，总以为别人瞧不起自己，因而孤僻内向，离群索居。

心理学家指出，这种自闭而不合群的性格，不仅有碍于和谐的人际关系建立，因而不适合现代社会生活的需要，而且还会使人心理上缺乏安全感和归属感，形成退缩感和孤独感，从而也有碍于人的身心健康。

那么，究竟怎样才能改变不合群的性格呢？

（1）学会关心别人。

如果你期望被人关心和喜爱，你首先得关心别人和喜爱别人。关心别人，帮助别人克服了困难，不仅可以赢得别人的尊重和喜爱，而且，由于你的关心引起了别人的积极反应，也会给你带来满足感，并增强了你与人交往的自信心。

除了关心别人以外，有了困难你要学会向别人求助，因为别人帮助你克服了困难，你的心理当然就会从紧张转为轻松，这不仅使你懂得了与人交往的重要性；而且由于你的诚挚的致谢，别人也会感到愉快，这就沟通了人际之间的情感交流。

（2）正确评价自己。

古语说，“人贵有自知之明”。在人际交往中，你对自己的认识越正确，你的行为就越自然，表现也越得体，结果也就越能获得别人肯定的评价，这种评价对于帮助你克服自卑和自傲两种不利于合群的心理障碍是十分有利的。

（3）改正错误的人际知觉。

社会心理学的研究指出，人在评价别人时难免带有主观印象，结果常常因此而“失真”。比如，人们常常根据对方的一些个人资料（如籍贯、职业等）来推断此人的性格，如认为会计总是斤斤计较，小气万分的。这种错误的人际知觉，当然使你难于与人和睦相处。因此，只要你能认识到这些人际知觉中的偏见并不为之所困，你就能合群了。

（4）学会一些交际技能。

如果你在与人交往时总是失败，则由此而引起的消极情绪当然会影响你的合群性格。如果你能多学习一点交往的艺术，自当有助于交往的成功。例如，多掌握几种文体活动技能，如跳舞、打球之类，你会发现自己在许多场合都会成为受别人欢迎的人。

（5）保持人格的完整性。

“水至清则无鱼，人至察则无徒”。与人相处时，当然不应苛求别人，而应当采取随和的态度，但那是有限度的。因为随和不是放弃原则，迁就亦非予取予求。如果那样，根本就不会得到别人的信任和尊敬，自然就无从使自己合群了。

保持人格完整的最好办法，是在平素的待人接物中，把自己的处事原则和态度明白地表现出来，让别人知道你是怎样一个人。这样，别人就会知道你的作风，而不会勉为其难地要你做你不愿做的事，而你也不会因经常需要拒绝别人的要求而影响彼此间的人际关系了。

（6）善于和别人交换意见。

合群性格的形成有赖于良好的人际关系，而良好的人际关系肇始于相互的了解，人与人之间的相互了解又要靠彼此在思想上和态度上的沟通。因此，经常找机会与别人谈谈话、聊聊天，讨论某些问题，交换一些意见是十分必要的。

合群作为一种性格特征，具有既能够接受别人，同时也能被人接受的社会适应性特点。合群的人乐于与人交往，他们不封闭自己，愿意向别人敞开自己的心理世界；同时，合群的人往往是善解人意的、热情友好的，他们在与人相处时，正面的态度（如尊敬、信任、喜悦等）

多于反面的态度（如仇恨、忌妒、怀疑等）。因此，他们能建立和谐的人际关系，有较多知心的朋友。

友情是在相互的施与爱之中发展建立起来的。孟子说得好："爱人者人恒爱之"，你如果能主动伸出真诚、善意的手，相信定会被无数友情的手握住的。

第四章

学会做人，要懂得塑造自己优质性格

事实证明，拥有良好关系的人更有条件取得成功，他们的成功，不仅在于其拥有优越的外部条件，更在于其拥有优质的内在性格，因为优越的外部条件必须通过优质的内在性格才能发挥作用。

成熟坚韧性格：累了烦了不放弃

性格成熟便是人生的成熟。性格成熟的人有理智，绝不感情用事，绝不闹情绪，懂得方圆处世，做事有方向，有法度。

性格坚韧者具有一种打不垮、折不弯、百折不挠的精神。这样的人做事大多能成功，他们意志坚强，历经磨难而不屈服，能忍而颓废消除，做事专一、不达目的誓不罢休。他们更有开拓的精神，从不惧怕失败。

具有成熟坚韧性格的人能屈能伸，目光远大，不斤斤计较，不拘泥于眼前小利，忍受力强，成功几率更大。

许多人在竞争中失败，源于他们性格的一些弱点。他们中的不少人缺乏坚韧精神。实际上，这些不幸的人如果能再坚持一下，也许就可以获得成功了。但他们没有那样做，这在性格学中叫“向目标示弱”。

古希腊著名的演说家德摩西尼，曾有口吃的毛病，以至于他非常害羞，孤独沉默。他的父亲留给他一笔财产，他成为了富人。可是按照希腊的法律，在宣称这笔财产属于他之前，他必须在公开的辩论中确定他的所有权。口吃和害羞使他如此束手无策，他失去了自己的财富。后来，他致力于演讲，经过坚忍不拔的努力，他的演讲达到了前人无法企及的高度。历史已经遗忘了那个夺去他的遗产的人的名字，但许多个世纪以来，全世界的学生都知道他的故事。

的确是这样，不管你倒下多少次，只要你再一次站起来而不是躺下，你就没有被击败。

有个年轻人做石油投机生意，花完了所有的钱，后来他把自己的股份卖给了坚持下去的合伙人。经过长时间的努力工作，合伙人弥补了经济差额并打出了一口喷油井。这家公司后来成为城市服务机构，就是今天我们所知的CTTGO。而那个抽身而退的年轻人，后来改行做服装生意，却比他做石油生意时的情形更糟。他破产了。不过他没有泄气。后来他进了政界继续奋斗。这个曾两度失败的人叫切斯特·艾伦·阿瑟，他以不屈不挠的精神对待他的事业，最后他成为美国第21任总统。

当你轻言放弃时，失败是确实无疑的。因为成功仅仅只是坚持工作，为之努力并相信你正在干的事情。机遇只会光临有准备的头脑。很多时候，成功就在拐过山头或角落处，仅仅一步之遥。有时拐过山头或角落却要特别的毅力才能做到。一位智者说得很对："如果你有足够的毅力，你就不需要为爬山而担心。"

世上没有任何东西能代替坚韧。智能不行，智者失败的例子屡见不鲜；天才不行，世上没有不劳而获的天才；教育也不行，当今世界差不多到处都是受过教育的失败者。而坚韧才是成功者永恒的引路人。

成熟坚韧的性格为最可贵，它使人走向成功与卓越。世上有很多人经历一次失败便倒下了，原因大都是缺少这种成熟坚韧的性格。而另外有些人经历一百次失败依然不服，依然勇往直前，其奋进的动力也正是来源于这种成熟坚韧的性格。

另外，正如上面所说，拥有这种性格的人理智成熟，目光远大，做事坚韧，不斤斤计较，因此容易取得周围人的认同，人脉关系广，吃得开，这无疑对他们做出成绩会起到有利的促进作用。

态度积极性格：保持积极心态做事

事实证明，抱着积极心态而努力会使你更能有力地迈向成功。如果你什么也不干，坐等失败，只会使你遭受更多的失败。有人对享有盛誉、成就卓著的林肯、爱因斯坦、詹姆斯、罗斯福等人的性格特征进行过研究，发现如下特征是他们的共性：尚实际，有创见，结知交，重客观，崇新颖，求善执著；爱生命，胸坦诚，重荣誉，能包容，富幽默，悦己信人。

这些性格特征对他们赢得广大人群的认可和拥护，确立造福于人类的信仰，并支持他们始终如一地为实现信仰而奋斗，起到了重大作用。

积极的心态是一种有效的心理工具，我们怎样对待生活，生活就怎样对待我们；我们怎样对待别人，别人就怎样对待我们。

“心态失衡是现代人常被击垮的一个性格弱点，因为他们无法从消极心态过渡到积极心态。这种失衡性格成为一个时代的疾病。”皮鲁克斯在《现代人性格何以失衡》一书这样说。

所以，一个人要想获得好的结果，就必须以积极的心态面对世界，积极的心态必然带来积极的行动，积极的行动也多半会带来乐观的结果。当然，态度积极的性格特征，如果没有正确、崇高的世界观、人生观和价值观引导、支配，可能难以充分表现出来，甚至会被歪曲；但如果没有这些具体的积极的性格特征为基础，所谓正确、崇高的世界观、人生观就失去了内容，就成了一句空话。

曹操为东汉末年豪强，决心一统天下。他极富雄才大略，马上征战、提鞭赋词、横槊吟诗……无一不是其个性的表露，基于此，也让其了却了称霸天下的心愿。

有人说曹操是奸雄，有人说曹操是英雄，如果从性格看人物，曹操应是一个豪强，豪气加霸气是曹操性格的重要组成部分。少年起事，率军东征西讨，歌咏抒怀无不表现了他的豪气；敢为天下先，挟天子以令诸侯，一统北方，又显示一个军事家的霸气。

曹操豪爽豁达的个性还表现在其气度上：“往事越千年，魏武挥鞭，东临碣石有遗篇。萧瑟秋风今又是，换了人间。”这是对一代豪强的性格总结。

曹操跃马挥鞭，往来驰骋，并不是“天马行空独来独往”的“独骋图”，而是在他麾下有一个千军万马，山呼海啸的群英谱。这一壮阔的场面来源之一便是曹操的博大胸襟和豪爽个性，这样的个性为他吸引了大批人才聚集麾下，为他效力。

“山不厌高，海不厌深，周公吐哺，天下归心”，表达了周公为实现政治理想要延揽天下人杰的思想。山不嫌弃尘土乱石才称其为高，海不嫌弃涓涓细流才称其为深，我只能像周公那样，“一沐三捉发，一饭三吐哺，起以待士，犹恐失天下之贤士”，才能把天下统一在我的麾下。曹操正是这样做人的，由此可见其气度的恢弘。可以说，曹操这样的人是具有积极性格特征的人。

你不必是曹操，但你要拥有他拥有的积极性格、积极心态，因为只有用积极的心态处世和做事，你才能获得贵人的扶持，获得积极的结果。因此，你要想打造自己的好性格，就必须确立和强化自己对人、对己、对事的积极性心态。以积极的心理、积极的言行迎接各种各样的人生挑战，最终赢得支持和拥护，成就自己。

独特鲜明性格：走自己的路，让别人去说吧

每个人从不同的环境和不同的经历中成长起来，在性格上肯定存在着与众不同的特点，不可能与其他人重复。即便世上每个人长的模样完全雷同，但在性格上也会各有千秋，也能区分出你是你、我是我和他是他的不同特征来。所谓“一母生九子，九子各不同”就是这个道理。所以，独特鲜明的性格体现了一个人“我之为我”的独特风格，具有强烈的个人特征。我们理解一个人的思想感情，判定一个人的态度和工作方法，在很大程度上就是根据一个人的独特鲜明的个性做出的。

积极的个性显出一个独特的自我。那种抱着“羊随大流不挨打”的“好好先生”就没有什么鲜明的性格，这种人也就很难有独特的成就和创造精神，也很难与人结成牢不可破的友谊。因为没有了个性，也就失去了自我。在文学家的笔下，所谓栩栩如生、呼之欲出的人物，几乎都是那些性格鲜明、棱角分明的人物。

《三国演义》人物众多，但个个性格独特鲜明，刘备以“忠厚”见长，关云长以“勇武”闻名，曹操以“奸诈”著称，而他们独特的个性又都成就了他们各自不同的人生，给读者留下了深刻的印象。而越是没有自己的独特性格的形象，越是千篇一律、脸谱化、雷同化的形象，就越是不能给读者留下印象。

形成鲜明性格的一个重要条件就是原则性。坚持原则才可能显示自己的独立见解、独立观察方式和思维方式，显示自己的思想境界和意志品质，并且在活动中显示自己独特的情感表现方式和行为

方式。不坚持原则，这一切也就都黯然消失了。

当然，强调性格的独特鲜明性绝不是鼓励故作姿态，更不是不尊重别人的感情和利益任意逞能。鲜明性是自然发展的结果。各人的生理状况不一样，先天素质不一样，家庭环境不一样，所受的教育不一样，个人的成长经历等都不一样，我们只要不歪曲和压抑自己的性格，就可以显示出自己的性格特点。同时，性格的鲜明性也体现在克服自己性格的弱点上，只是各人性格的弱点不一样，克服的方式不一样罢了。

有个性才会让自己有吸引力、有魅力，试想一下，那些当红的明星，无论是以演技胜出的，还是以颜值胜出的，无一例外都是有个性的，如果他们都是一个模样，演出风格“千篇一律”，那么魅力必然大打折扣，就不会得到那么多人的厚爱了，更不用说可以圈粉无数。他们之所以可以圈粉无数，就是因为他们各自都有自己独特个性。他们的独特个性可以体现在他们的思想上、演技上、言论上、行为上，等等。

独特鲜明的性格是做人的基本脸谱。你是谁，你想做什么和不想做什么，都必须直接或间接地表现出来。不然，你的个性、你的独立性就不存在了。所以，不管是在你的外在表现上，还是在内在心理上，你必须拥有自己的立场、观点、态度，而这些东西当然都会影响你的性格倾向和性格表现。

个性是彰显自我的重要特征，没有了个性，自我也就失去了依托。一个没有个性的人是不会得到他人认可的，试想一下，一个没有原则，是非不分，爱憎不分明的人，如何能够获得他人的认同和支持？又如何能够进一步成功地为人处世呢？

意志坚定性格：不为暂时的挫折所迷惑

意志坚定不仅是一种性格，更是一种品质，一种为实现某一目标或某一目的而不屈不挠、坚持不懈地克服困难的意志品质。

意志坚定的人能够按照客观规律进行活动，不为暂时的挫折所迷惑。他们有顽强的毅力，总是充满信心，以充沛精力为其确立的目的奋斗。他们善于总结经验，不为不符合实际的愿望所驱使，不为被实践检验过的无效方法所束缚，也不为不客观的现实所左右。

著名剧作家沙叶新谈起自己的经历和品质时说了下面这些话：

“我不知道我算不算得上是个意志坚定、性格刚毅的人，但我至少敢说我还不太懦弱，不太卑怯。某些事，只要认定是应该做的，倒也毅然决然，义无反顾；某些话，只要觉得是必须讲的，也还能直言不讳，无所忌惮。1957 年我考入华东师大中文系，因幼时曾患脑炎，头常痛，担心大学功课重，不胜负担，于是想起契诃夫的一句话：‘寒冷使人坚强’，便决定在冬季开始冷水浴锻炼。谁知我第一次在学生宿舍盥洗室用冷水淋浴时，便听到隔板之外有人冷嘲热讽：‘这么冷的天，洗不长的，出什么风头！’就是这么一句话，让我咬牙坚持了一个冬季的冷水浴，以后便一直洗下去，直到如今也未中断。

洗冷水澡的最大好处，是我要干什么事，就不怕别人泼冷水，我洗了三十多年的冷水浴，还怕你泼冷水！我 21 岁开始抽烟，抽了二十多年，烟瘾很大。1984 年秋体格检查，大夫劝我戒烟，我说戒就戒，当场便将未抽完的香烟送人。尽管在戒烟后的一个多月里，我生理、心理失调，整日哈欠连天，又流眼泪又流鼻涕，难过得想骂人，想打架，可我还是坚决不抽一口，就这么彻底把烟戒了！有人说烟鬼若能把烟戒掉，那往后什么不要命的坏事都能干得出来，这是说能戒烟的人心狠意坚。”

很显然，意志坚定的性格、顽强的毅力是沙叶新取得成功的关键因素。与坚定性格相违背的意志品质是执拗和动摇性。执拗的人对自己的行为目标的重要性和正确性缺乏认识。尽管事实已证明了他的行动是错误的，但仍然坚持己见。所谓“我行我素”就是指这种人。动摇性的表现是在学习、工作和生活中没有韧性，一遇困难就垂头丧气，动摇妥协，轻易改变或放弃计划，往往是半途而废。执拗和动摇性都是不利于事情成功的消极的意志品质。

一个具有惧怕性格的人在遇到挫折、困境时多半会被挫折、困境打败，这个道理不难理解，不用多解释。坚持需要依靠毅力，人有毅力万事成，人无毅力万事崩，成功性格的全部秘诀只有 8 个字：不屈不挠，坚持到底。

意志坚定、毅力顽强的性格具有一种吸引人的魅力，对于一个领导者而言，这种性格更应该是其要具备的，因为作为团队的领头羊，领导者一定要具有开拓精神，要给团队其他成员带好头，做好表率。如果一遇到挫折、困难就想到失败，就打退堂鼓，那么又如何吸引人追随，只有遇事不犯愁，意志坚定，毅力顽强，勇往直前，才能提高领导力，吸引更多人的追随，也才能取得最终的胜利。

咬定青山不放松，不轻信人言，不为困难和挫折而畏缩逃避，盯准目标，执著前行——这样的人才能有较大的机会创造出伟大的业绩，也才能获得更多人的支持，吸引更多的人追随。

果敢爽快性格：告别拖延，提高执行力

毋庸置疑，成功的人都是善于抓住机会的人，同时抓住机会的人往往要具有果敢爽快的性格。具有果敢爽快性格的人善于在困难中辨别是非、迅速做出决定和积极采取行动。

具有果敢爽快品质的人，具有敏锐的智慧，善于观察事物的发展变化，能根据情况的变化和客观的需要，当机立断地去改变或修改已执行的决定。果敢爽快以周密考虑和勇气为前提，胆识兼备才能果断，这是优良的意志品质。

对于一名管理者而言，果敢爽快的性格十分重要，是管理者必备的素质。在当代企业管理中，对领导者当机立断的能力要求更高，它体现在各种各样的决策过程中。对于管理者而言，做出决策的时机极为重要。各种各样的决策有时如流沙中稍纵即逝的珍珠，必须当机立断，方可把握住这不可重来的瞬间机遇。

决策正确，但机会错过了，会使决策效果大打折扣。延误的决策有时不仅起不到正面作用，反而会给经营管理带来不利的影响。果敢的性格，可以帮你在形势突变的情况下，迅速分析形势，当机立断，不失时机地做出正确决策以适应变化了的情况。当机立断的决策魄力是领导者必备的能力。只有善于当机立断的领导者，才能在复杂多变的情况下，措置自如。

李嘉诚的成功，其当机立断的决策起了决定性作用。他对自己成功的总结就是：反应敏锐，果断处事；能进则进，不进则退。

20 世纪 50 年代中期，欧美市场兴起塑料花热，家家户户及办公大厦都以放上几盆塑料制作的花朵、水果、草木为时髦。李嘉诚当机立断，丢下其他生意，全力以赴投资生产塑料花。他建立的“长江塑料厂”一举成为世界上最大的塑料花工厂，他也因此被誉为“塑料花大王”。60 年代初期，塑料花生产仍被看好，但他预感到塑料花市场将由盛转衰，于是当机立断决定退出塑料花业，重操玩具等行业，使他避过了一场危机。

20 世纪 60 年代后期，香港经济起飞，地价开始跃升，李嘉诚迅速投资购买大量土地。70 年代后期，香港股市热得烫手，他又迅速投资入市炒作，毫不手软。他首先瞄准的目标是英资怡和集团的“九龙仓”，悄悄地买入，果断地抛出，净赚 5900 万港元。1978 年，他又把目光对准了另一家老牌英资公司“青州英妮”，很快在股市上收购了“青州英妮”25% 的股票，并出任该公司的董事。紧接着李嘉诚集中火力，对英资和记黄埔穷追不舍，在股市上大量吸纳和记黄埔的股票。通过整整一年不间断的努力，终于成功地拥有超过 40% 的和记黄埔股权。1981 年的元旦，他正式出任老牌英资洋行和记黄埔董事局主席。就这样，凭借超人的胆识与当机立断，他的资产像吹气球一样膨胀起来，成为了香港首富，创造了商业奇迹。

大家都知道在商战中，如果不能立即做出反应，把面临的商机迅速转化为效益，那么辛辛苦苦制定出的商业谋略可能会因此一钱不值。当机立断对于一项事业或一个企业都是十分重要的，机遇的特点就是千变万化、转瞬即逝，稍微迟缓一点就会痛失良机。

优柔寡断或冒失是与果敢爽快相反的品质。优柔寡断的人总是顾虑重重，经常处在内心冲突之中。在采取决定时，迟疑不定，议而不决，往往在无可奈何的情况下，仓促地做出决定。做出决定后又反悔，决而不行，甚至取消决定。毫无疑问，这样的人要想做出成绩是很难的。

冒失是指对任何事情总是不加考虑，凭着一时冲动不计后果做出决定的品质。具有这种品质的人，懒于思考，敷衍了事，想从困难中解脱，害怕和回避冲突，以至事到临头，才在不得已的情况下，凭一时的激动，盲目地做出决定。这样的决定是不能实现的。优柔寡断与冒失都是意志薄弱的表现。

几乎每个人都喜欢与果断爽快的人来往、合作，除了因为能够及时抓住机会，提高成功几率外，还因为与这样的人交往会带给人一种舒坦的感觉。与做事优柔寡断的人交往则没有这种愉快的体验，因此，果敢爽快的人总是有很多的朋友，也总是能获得较多的成功机会。

耿直厚道性格：教养就是有所为有所不为

短篇小说巨匠契诃夫说：有教养不是吃饭不洒汤，是别人洒汤的时候别去看他。有一个相似的美国俗语说：犯过错不稀奇，稀奇的是别人犯错的时候别去讥笑他。

“别去看他”和“别去讥笑他”是一种做人风范。这样的品格，在我国就叫作耿直厚道。

耿直厚道的性格，表现出来的特征是实实在在，直率坦白，有一说一，有二说二，不虚夸，不骗人，表里如一。这种性格的人在交际中容易受人们喜欢，因为与这样的人交往，你不必担心他会欺骗你，不必担心他会多占你的便宜，不必提防他会算计你，出卖你，他永远不会对别人构成危害。

耿直厚道不是方法，虽然也可以当方法训练自己。它是人的本性。耿直厚道之于人，是在什么也没做之中做了很大的事情，契诃夫将这种品质就称之为“教养”。

如果美德分为显性与隐性，耿直厚道具有隐性特征。耿直厚道不是愚钝，不过很多时候像愚钝。所谓“贵人话语迟”，迟在对一个人一件事的评价沉着，正所谓君子讷于言意在此。尤其在别人蒙羞之际，“迟”的评价保全了别人的面子。真正的愚钝是不明曲直，而耿直厚道乃是明白而又心存善良，以宽怀给别人一个补救的机会。

耿直厚道者能沉得住气。厚道不一定得到厚道的回报，但厚道之为厚道就在不图回报，随他去。急功近利的人远离厚道。

在人际交往上，耿直厚道是基石。它并非一时一事的犀利，是别人经过回味的赞赏。处世本无捷径，不过总有一些高明超越的方法，那就是品格。品格可以发光，方法只是工具。耿直厚道是经得起考验的高尚品格。

耿直厚道是河水深层的劲流，它有力量，但表面不起波浪。耿直厚道的人有主张。和稀泥、做好人，是乖巧之表现，与“厚”无关。无准则、无界限，是糊涂之表现，与“道”无关。厚道的人也有可能倔强，也可能不入俗流，宁可憨，而不巧。耿直之“直”是正直之“直”，厚道之“厚”，是长麦子的土壤之厚，墙体挡风之厚，厚德而后载物，做人到达这样的境界，已然得道。

为人处世离不开人的修养，一个“耿直厚道”的人，在德业能够养深积厚，在人际能够广结善缘，在事业能得道多助，因此“耿直厚道”之人多能成事。

勇敢无畏性格：困境面前有担当

勇敢是指在困难和险境下，坚信目标不动摇，而且勇往直前的大无畏精神。

第一次世界大战期间的一段时间内，协约国与同盟国之间陷入拉锯战之中，双方互有攻防但是始终撕不开对方的防线，战争一度僵持着。在战事的东线——德军伏在自己战壕内，另一方则是俄军。双方的枪炮声不断响起，在他们之间是一条狭长的无人地带。

一位受伤的年轻德国士兵为了生存，试图爬过那无人地带。结果被带钩的铁丝缠住，发出痛苦的哀号，动弹不得——

两边的枪炮声不断，德军士兵的惨叫声撕心裂肺，让双方士兵心里都不好受。

终于，一位俄军士兵无法再忍受，爬出战壕，匍匐着向那德国士兵爬过去。其余的俄军明白了他的意图后，便停止了射击，但德军的炮火仍然没有要停下来的意思，直到一位军官明白过来，才命令所有士兵停火。

这时，无人地带顿时出现了一阵奇怪的沉寂。年轻的俄国士兵爬到德国士兵身边，帮他摆脱了铁钩的纠缠，扶起他向德军的战壕走去，交给迎接的人之后，转身准备离去。忽然，一只大手搭上了他的肩膀。回过头来，原来是一位佩戴着铁十字荣誉勋章——德国最高勇气标志的一位德军军官拦住了他——军官从自己制服上扯下勋章，别在俄军士兵胸前，让他走回自己的阵营。

双方响起了欢呼声——向这位勇敢的士兵致意。

福楼拜有一句名言：“人的一生中，最光辉的一天并非是功成名就那天，而是从悲叹与绝望中产生对人生的挑战，以勇敢迈向意志那天。”这位士兵在人道主义面前，展现出了极大的勇气，这种勇敢无畏的震撼力超越了敌我范畴，赢得了双方的赞誉。由此可见，赏识勇敢者和尊崇英雄，是人类共有的“脾性”。

一位跨国公司的CEO向全体员工宣布了一条纪律：“谁也不要走进8楼那个没挂门牌的房间。”尽管大家不明白上司为什么这样安排，但此后真的没人违反他的这条纪律——没有人进入这个房间。

这个“怪事”持续了很长时间，直到新一批员工的到来才打破了这一格局。

第二年，公司招聘了一批员工。在全体员工大会上，CEO再次将“禁令”重申了一遍。这时，只听一个新来的年轻人在下面小声嘀咕了一句：“为什么？”总经理听到后并没有因这位新人的不礼貌而恼怒，只是满脸严肃地答道：“不为什么！”——年轻人更加好奇了。

回到岗位上，那个年轻人百思不得其解，还在思考着总经理为什么要这样做。其他工友则劝他只管干好自己的那份差事，别的不用瞎操心。更有人“奉劝”年轻人：“你可要当心自己的饭碗，最好不要进那个房间！”

可那个年轻人偏偏来了犟脾气，非要把事情弄个水落石出不可。于是他决定冒公司之大不韪，走进那个房间探个究竟——年轻人暗暗制订了“探访”计划。

年轻人终于利用休息时间悄悄爬上8楼，轻轻地叩了叩那扇门，没有反应。年轻人不甘心，进而轻轻一推，虚掩着的门开了。房间里只有一张桌子，屋内陈设很简单。年轻人来到桌旁，看到桌子上放着一个纸牌，上面用毛笔写着几个醒目的大字——“恭喜你，勇气十足的年轻人。请到总经理办公室来一下！”

年轻人走进了CEO办公室，当他把纸牌交到总经理手中时，仿佛期待已久的总经理一脸笑意地宣布了一项让年轻人感到震惊的任命：“好的，年轻人，你被任命为销售部经理助理。恭喜你！希望你继续你自己的勇敢！”

那个年轻人果然不负厚望，不断开拓进取，勇敢地推行各种新政策，使原来死水一般的销售部渐渐红火了起来。年轻人的晋升也很快，仅过了一年时间就被提升为销售部经理，第二年进入了公司高管层。

一次公司宴会上，总经理向众人做了如下解释：“这位年轻人很勇敢，敢于挑战未知领域，敢于探索，并勇于冒着风险走进某些‘禁区’，这正是一个富有开拓精神、有担当的成功者应具备的良好素质——我们公司恰恰需要这样的人才！”

这里的勇敢无畏是一种勇于担当的精神体现，是一种理智地付出和献身，不是瞎干、乱干、蛮干。有这种性格品质的人在机会来临时可以挺身而出，勇于担当，敢于冲锋，因此有更多机会获得赏识，被委以重任。

理智自制性格：生气不如争气

理智的重要特征就是有自制力。自制力是指一个人在意志行动中善于控制自己的情绪，约束自己的言行，能够控制自己的冲动和鲁莽。

马谡街亭失守，蜀汉军队连遭重挫，司马懿引十几万大军扑来，兵临城下，情势万分危急。而诸葛亮身边却只有一班文官和2500名守兵，别无大将。众官闻敌军压境，“尽皆失色”，诸葛亮却传令“大开四门”，然后引小童二人，携琴一张，于城上楼前凭栏而坐，焚香操琴，从容淡定。

实际上，诸葛亮的内心并非“风平浪静”，当街亭失守的消息刚刚传来时，雍容持重的诸葛亮情不自禁地跌足长叹曰：“大势去矣！”然而，他随即就意识到要理智，不能失态，于是，他瞬息之间调整好自己的心态，冷静分析形势，果断采取措施，终于使蜀军化险为夷。

任何人遇上灾难，情绪都会受到影响，这时就一定要控制自己的情绪，让自己理智起来，用平和的心态去面对突然而至的险境，才有可能走出困境。

要想做到理智，就要想办法提高自制力。自制力主要表现在两个方面：一方面使自己在实际工作、学习中努力克服不利于自己的恐惧、犹豫、懒惰等；一方面应善于在实际行动中抑制自己的冲动行为。

自制力对为人处世、事业的成功起着十分重要的作用。自古代百科全书式科学家亚里士多德，到近代的哲学家们都意识到：“美好的人生建立在自我控制的基础上。”

自制力是征服放任的有效武器。一个有名的例子，就是《钢铁是怎样炼成的》一书中描写的保尔·柯察金戒烟的故事：

有一次，一些年轻人就习惯能不能改掉这个问题发生了争论。有人说：习惯比人厉害，养成了就改不掉，抽烟就是一例。保尔不同意这种看法，他认为：人应该支配习惯，而绝不能让习惯支配人，不然的话，岂不要得出十分荒唐的结论吗？这时，有人挖苦保尔，说他吹牛皮，因为他明知抽烟不好但并没有戒掉。保尔沉默了一会儿，从嘴角拿下烟卷，把它揉碎，斩钉截铁地说："我绝不再抽烟了，要是一个人不能改掉坏习惯，那他就毫无价值。"从此，保尔果然不抽烟了。

每一个不想使自己变得"毫无价值"的人，都应该像保尔一样，下决心依靠自制力跟自己的坏习惯作斗争。

自制力就是尽管你不想做某些事情，但还是尽力去做，这样你就能做成你想做的事。罗伊·L.史密斯说过："自制力宛若受到控制的火焰，正是它造就了天才。"

14世纪，有个名叫罗纳德三世的贵族，是祖传封地的正统公爵。他弟弟反对他，把他推翻了。弟弟需要摆脱哥哥，但又不想杀死他，于是就将哥哥关进牢房后，命人把牢房的门改得比以前窄一些。罗纳德三世身高体胖，胖得出不了牢门。弟弟许诺，只要罗纳德能减肥并自己走出牢门，就不仅能获得自由，连爵位也能恢复。可惜罗纳德不是那种有自制力的人，他无法抵挡弟弟每天派人送来的美食的诱惑，结果不但没有减肥，反而更胖了，所以，最终他没有走出牢房。

一个没有自制力的人，就像被关在铁栅栏中的囚犯。人，如果没有自制力，就永远不可能成功。有自制力的人勇于接受精神上和肉体上的磨练，他们愿意接受超出自己想象的任务并全身心投入其中完成它；他们经常让大脑保持活跃，考虑一些有挑战性的问题，不断地思索需要认真对待的事情以训练自己的自制力。

可见，自制力决定了人们在关键时候的所作所为。传记作家兼教育家托马斯·赫克斯利说："教育最有价值的成果，就是培养了自制力，不管是否喜欢，只要需要就去做。"

人人都有一定的自制力，但大小强弱不同，可笼统分为"很强""一般""很差"三个层次，于是也就有了三个层面的人生分野。取得大成就的人，大多自制力很强；成绩一般的人，其自制力也很"一般"；而一无所成的人，其自制力大都"很差"。要想使自己的人生有色彩，生活有起色，就要磨练自己的意志，提高自己的自制力，增大对机会的把握。

随和善良性格：遵从向善的本心

先说随和。随和的性格表现为随顺众意，不固执己见，不计较别人。随和的人都有好人缘，都有一种亲和力，善于融入众人。随和的品质人人喜欢。

人要善于随和，即便原则问题也要平等地和人家交换意见，不闹意气、不存成见，切莫居高临下、杀气腾腾地对待别人。

真理只有在平心静气中去探索，想靠大嗓门压制别人，那是自己水平不高的表现，并且这样很难达到目的，还损害自身形象，不利于身心健康。

要随和，必定是高瞻远瞩的人、宽宏大度的人、豁达潇洒的人。目光短浅、心胸狭窄者做不到这一点。

要随和，就得克服“以我为中心”的思想。如果你的见识主张和能力比别人强，人际关系好，别人可能会尊重你；如果自己不具备这些条件，又要搞“以我为中心”，既不能满足你的欲望，又有可能毁掉你自己。要别人尊重你，关键是自己要尊重对方。斤斤计较自己的名誉、地位，什么都要比别人好，且情绪又烦躁，一定会严重地影响交际和事业，对身心健康也极为不利。

亨利·福特二世在描述令人讨厌的行为时说：“一个满嘴是‘我’的人，一个随时随地说‘我’的人，一个独占‘我’字的人一定是一个不受欢迎的人。”因此，在交际中，要多说“你”“我们”，而要少说“我”，比如，“请问我们这项工作……”或者“请问我们公司……”还有“我们是否应该这样”、“让我们……”等。

这样的表达更容易让人有参与感，让人觉得你随和亲切，团队意识强，从而更愿意与你接触、合作。而句句不离“我如何如何”只能让人感觉你是在自我表演，其他人只是可有可无的旁观者。由于没有了参演的热情，自然也就不会将自己的精力投入进去。

再说善良。人世间最宝贵的是什么？法国作家雨果说得好：善良。“善良既是历史中稀有的珍珠，善良的人便几乎优于伟大的人。”

我国传统文化历来追求一个“善”字：待人处事，强调心存善良、向善之美；与人交往，讲究与人为善、乐善好施；对己要求，主张独善其身、善心常驻。记得一位名人说过，对众人而言，唯一的权力是法律；对个人而言，唯一的权力是善良。

看两则小故事：

一场狂风暴雨过后，成千上万条鱼被卷到一个海滩上，无法回到大海。一个小男孩每捡到一条便送回大海里。成千上万条鱼，他不厌其烦地捡着。

一位路过海滩的老人看见后，对他说：“这么多鱼，你一天又能捡回几条，还是算了吧。”小男孩没有停止捡鱼、放鱼的行为，一边做着一边说：“捡到什么时候我不知道，可是我知道至少我捡到的鱼，它们可以重新获得了新的生命。”

话一出口，老人不知如何应答。

在巴西丛林里，一位猎人在射杀一只豹子后，看到这只豹子拖着流出肠子的身躯，爬了半个小时，来到两只幼豹面前，喂了最后一口奶后倒了下来。

看到这一幕，这位猎人流着悔恨的眼泪折断了猎枪，并发誓从此再也不打猎。

如果说前一个故事讲的是孩子生命善良的本性，那后一个故事中猎人的良心发现也不失为一种“善莫大焉”。

美国作家马克·吐温认为善良是一种世界通用的语言，它可以使盲人“看到”、聋子“听到”。心存善良之人，他们的心滚烫，情火热，可以驱赶寒冷，横扫阴霾。善意产生善行，同善良的人接触，往往智慧得到开启，情操变得高尚，灵魂变得纯洁，胸怀更加宽阔。与善良之人相处，不必设防，心底坦然。

随和善良的人自有一种吸引人的魅力。一个人缺少了随和的性格，就难免要离群寡居，缺少他人的帮助。一个人缺少了善良，也必然招来冷漠和无助。

沉稳低调性格：沉得住气，才能压得住事儿

性格沉稳的人无论在生活中遇到任何挫折都不会产生丧气，抑郁，悲伤，绝望等严重影响心理健康的负面情绪。它是一个人心理成熟的表现，取得成就的人多具有沉稳的性格。

据说古罗马有个皇帝，常派人观察那些第二天就要被送上竞技场与猛兽空手搏斗的死刑犯，看他们在等死的前一夜是怎样的表现。如果发现这些的犯人中，居然有能够呼呼大睡而面不改色的人，便偷偷在第二天早上将他释放，然后训练成带兵的猛将。

古时中国有个皇帝，在接见新来的臣子时，总是故意叫他们在外面等待，迟迟不予理睬，再偷偷看这些人的表现，并对那些悠然自得、毫无焦躁之容的臣子刮目相看。

那些养鸟的行家，在选鸟的时候，总要故意去惊吓那些鸟，对那些稍受一点儿惊吓，就扑扑拍翅、乱成一团的鸟不予理睬，而对那些不轻易受影响的鸟“情有独钟”。

前面三个例子中的强者，很可能天生就有较强的稳定性或忍耐力。但换个角度来想，如果一个人从小就受坚忍的训练，一只鸟从小就待在人群里，也可能有较佳的表现。

许多日本公司，在每年冬天的时候，都送他们的员工到寺庙里接受戒律的考验。受训期间，学员要忍受没有暖炉的严寒，夜里不准躺着睡觉，坐禅时稍有不专心，就用戒板抽打背部，且不许喊痛。正因为如此，受过训练的人能忍别人所不能忍，专注于别人所不易

专注，因而较没有受过训练的人常有杰出的表现。

沉稳的性格是需要在生活中磨练出来的，并不是每一个人天生就能拥有的。拥有沉稳性格的人能做到遇事不慌乱，从容面对生活中出现的任何危机。有时候，磨难与挫折对于拥有沉稳性格的人来说就是一次对心理素质的考验。

人生是一个未知的变数，谁也无法完全预料自己的命运，我们唯一能做的就是遇事不惊慌，做到沉着而冷静，只有这样你才能最大程度驾驭生活，驾驭人生。要培养自己沉稳的性格就要在生活中磨练自己的意志，在挫折中锻炼自己的毅力，在失败中吸取教训，为人生的成功积累积极因素。

拥有了沉稳的性格，才能拥有低调的人品。

低调就是做人不恃才傲物，为人谦卑，当取得成绩时，记得感谢他人、与人分享。低调就是容人之过，显宽容胸怀。对他人的小过以大度相待。低调就是做人圆融通达，不锋芒毕露。自觉在名利场中做看客，心境宽广豁达。

低调就是知足常乐。生活中如能降低一些标准，退一步想一想，就能知足常乐。人应该体会到自己本来就是无所欠缺的，这就是最大的财富了。

低调就是不太把自己当回事。不要把自己太当回事，才不会产生自满心理，才能不断地充实、完善自己，缔造完美人生。

简朴是低调做人的根本。在生活上简朴些、低调些，不仅有助于自身的品德修炼，而且也能赢得上下的交口称誉。

纵观古今中外，很多有成就的人都是沉稳低调做人的典范，他们的优良性格为他们的成功带来了巨大的助益，让他们得到了社会广泛的信任、支持和美誉。反观那些做人高调张扬，小成就面前六忘乎所以、得以忘形，终因树大招风而招致诋毁和劫难，最后前功尽弃，这不能不说是一种悲哀。

在这个波诡云谲的世界里，只有懂得以沉稳低调做人的人，才能够在社会这个纷繁的大舞台上扮演好自己的角色，在复杂的人际环境中取得更多的信任、更多的支持，最终开创出一个广阔的发展空间，成就自己，演绎精彩人生。

◎下篇

优化性格，在学会做人中修行

第五章

性格好的人，在做人上懂得宽容低调

高度是做事的尺度，低调是做人的准则。世间万事万物皆起于低，成之于低。低是高的发端与缘起，高是低的嬗变与演绎。低调做人正是一种低起高成、必成大器的哲学。低调的人，呈现的是一种成大事的风范。

势弱先忍，谦逊为上

看一个富兰克林的故事：

青年时期的富兰克林年轻气盛，目中无人，走路总是昂首挺胸大踏步前进。一次他去拜访一位老前辈，也是高昂头迈着大步，没想到刚一走进对方的大门，头就被门框狠狠地碰了一下。他一边龇牙咧嘴地揉着头，一边看着比自己身体矮了一头的门。

这时，老前辈正好出来迎接他，见到他这个样子，就对他说："年轻人，这是你今天的最大收获，一个人要想平安无事地活在这个世上，就必须时刻记住：该低头就低头。这也是我想要教你的事情。"

这个故事告诉我们，人生旅途中，低调是一种必要的生活态度。无论你是谁，也无论你取得了多大的成就，你都需要谦虚低调。

人际关系学大师卡耐基曾说："如果我们只是要在别人面前表现自己，使别人对我们感兴趣的话，我们将永远不会有许多真实而诚挚的朋友。真正的朋友不是以这种方式来交往的。"

从这句话中可以看出，绝大多数人对一贯盛气凌人、逞强斗胜、高调炫耀的性格特征是普遍缺乏好感的，所以选人做朋友才通常不会选这样的人。

当然，这并不是说无论做什么事、无论何种情况，都要低调，而不能高调，这是个误解。这里讲为人处世要懂低调，指的是要适时低调，而不是所有事情、所有情况都适宜低调，都要低调。

实际上，必要的高调可以让自己为更多的人所认识、所了解，从而为自己赢得更多的机会，“酒香不怕巷子深”的时代已经一去不复返了，现在是“酒香也怕巷子深”。要想让更多的人知道自己，了解自己的才能，有必要在合适的场合高调推荐自己，自己帮助自己脱颖而出。

比如在招聘会，如果你不自信满满地推荐自己，说自己有哪些方面的才能，怎么会取得对方对你的信任和期待，毕竟连自己都不相信自己的人，又如何让他人相信能做出好成绩。

所以，这里的低调指的是真正的低调，假装的低调没有用，因为假装的低调是一种更加炫耀的姿态。世界上没有多少人是傻瓜，低调和高调是瞒不过人的。人们需要的是真正的不张扬，真正的谦卑和努力。

低调的好处有很多，比如，可以消除别人的不满和嫉妒，和更多人交朋友；可以保留自己的实力，让自己可进可退；可以激发对方的同情，使对方在感情上向自己靠近，产生共鸣；还可以有效规避风险，更好地保护自己等等，所以说，低调是中庸处世的一宗法宝。

虽然很多时候，低姿态是形势所迫，不得不采取的示弱姿态，主要目的是避锋芒，减少摩擦，降低矛盾，但更多的时候，采取低姿态却是为了更好地前进，正如有些时候，后退几步是为了更好地冲刺一样，所谓的“不低调就难有机会高调”“不低头就难有机会出头”说的就是这个道理。而我们要的就是这样的低调。

不要把低调仅仅看成一个动作、一种行为。适时的低头，不是委曲求全的懦弱，而是“留得青山在不怕没柴烧”的高瞻远瞩。更重要的是，要知道什么时候该昂头，什么时候该低头，要刚柔并济，进退有度，采取一种迂回前进的姿态。

几乎所有的人都有虚荣心理，只不过有些人的虚荣心理不强，而一些人虚荣心理很强罢了。当你身处不利环境，或者危险之时，在人面前适当低调，就可以满足他们的虚荣心理，让他们沾沾自喜，从而可能对你格外照顾，或者看好起来，而你也就可以借此摆脱困境，实现咸鱼翻身。如果处理得好，甚至可以重新占据主动地位。

低调有多种表现形式，可以表现为思想低调、态度低调、心态低调、言辞低调、行为低调等。在交往中，要采取哪种低调方式，要视情况而定，没有固定的标准，通常要取得思想、行为上的和谐统一。

正所谓“地低成海，人低成王”，人的性格，至刚易折，至柔则无损。能屈能伸，方能顺利长远。如果在人际交往中，你真的懂得什么时候该示弱、该低调，又清楚采取何种方式低调，那么你一定会左右逢源，搭建起自己的良好的人际关系网。

宽以待人，交往不走极端

与人交往，不管是交朋友还是谈生意，谈得成就成为朋友，谈不成也是个缘分，应好聚好散，绝不能成为仇家。在这方面，清代的曾国藩堪称是古今大师。

曾国藩在长沙岳麓书院读书时，有一位同学性情褊急，见曾国藩的书桌放在窗前，那人就说："我读书的光线都是从窗中射来的，不是让你遮着了吗？赶快挪开！"曾国藩果然照他的话移开了。曾国藩晚上掌灯用功读书，那人又说："平常不念书，夜深还要聒噪人吗？"曾国藩又只好低声默诵。但不久曾国藩中举人，传报到时，那人更大怒说："这屋子的风水本来是我的，反叫你夺去了！"

在旁的同学听着不服气，就问他："书案的位置，不是你叫人家安放的吗？怎么能怪人家呢？"那人说："正因如此，才夺了我的风水。"同学们都觉得那人无理取闹，替曾国藩抱不平，但曾国藩却和颜悦色，毫不在意，劝息同学，安慰同室，无事一般，可见青年时代曾国藩的涵养和气度之一斑了。

曾国藩求才心切，因此也有被骗的时候。有一个冒充校官的人，拜访曾国藩，高谈阔论，议论风生，有不可一世之概，曾国藩礼贤下士，对投幕的各种人都倾心相接，但心中不喜欢说大话的人。见这个人言词伶俐，心中好奇，中间论及用人须杜绝欺骗事，正色大言说："受欺不受欺，全在于自己是何种人。我纵横当世，略有所见，像中堂大人至诚盛德，别人不忍欺；像左公（宗棠）严气正性，别人不敢欺。而别人不欺而尚怀疑别人欺骗他，或已经被骗而不知的人，也大有人在。”

曾国藩察人一向重条理，见此人讲了四种“欺法”，颇有道理，不禁大喜，对他说：“你可到军营中，观我所用之人。”此人应诺而出。第二天，拜见营中文武各官后，煞有介事地对曾国藩说：“军中多豪杰俊雄之士，但我从中发现有两位君子式的人才。”曾国藩急忙问是“何人？”此人举涂宗流及郭远堂以对。曾国藩又大喜称善，待为上宾。但一时找不到合适的位置，暂时让他督造船炮。

多日后，兵车向曾国藩报告此人携千金逃走，请发兵追捕。曾国藩默然良久，说：“停下，不要追。”兵卒退下后，曾国藩双手持须，说：“人不忍欺，人不忍欺。”身边的人听到这句话，想笑又不敢笑。过了几天，曾国藩旧话重提，幕僚问为什么不发兵追捕。曾国藩的回答高人一筹：“现今发、捻交炽，此人只以骗钱计，若逼之过急，恐入敌营，为害实大。区区之金，与本人受欺之名皆不足道。”此事在令人“喷饭”之余，亦足见曾国藩的远见与胸襟。

做人和交友能够胸襟坦荡，虚怀若谷，就可以使人与人之间以诚相待，互相信赖，博取人们对你的支持和真诚相助，事业就有成功的希望。

关于曾国藩的宽容大度还有这样一件事：新宁的刘长佑由于拔取贡生，入都参加朝考。当时的曾国藩身份已很显贵，有阅卷大臣的名望，索取刘的楷书，想事先认识他的字体，刘坚持不给。以后刘长佑做了直隶总督，当时捻军的势力正在兴旺，曾国藩负责分击，刘负责合围，刘以草写的文稿，将要呈上，有人说：“如果曾公不满意我们怎么办？”刘说：“只要考虑事情该怎么办，他有什么可以值得怕的呢！”

曾国藩看到了这个文稿，觉得这样是非常正确的。刘长佑知道后，对幕客说：“涤翁（曾国藩）对于这个事能没有一点芥蒂，全是由于他做过圣贤的工夫才能达到的。”曾国藩虚怀若谷，雅量大度，深深影响了他的同僚。

相交以诚，大度宽容，不仅使曾国藩自身增加了人格的魅力，博取了人们对他的支持和真诚相助，给周围的人产生了好的影响，更重要的是也使曾国藩少树了许多仇敌。

清代有个叫钱大昕的人说得好："诽谤自己而不真实的付之一笑，不用辩解。诽谤确有原因的，不靠自己的修养进步是不能制止的。"器量阔宏，使我们能检点自己。大度本身就是一种魅力，一种人格的魅力，那不仅是对自己缺点的正视，而且也是对自身力量的自信。

适当屈服，赢得更广阔空间

无论是大人物，还是小人物，谁也不可能总是一帆风顺，总会有遭遇逆风的时候。如何能做到遭遇逆风也平安无事，甚至可以逆风飞扬呢？在众多因素中，正确的心态和好的态度是至关重要的，甚至有时候能够左右事态的发展。

据说，2000多年前，在古希腊，一个年轻人向苏格拉底请教："天与地之间的距离是多少？"苏格拉底答道："3尺。"年轻人很疑惑："我们许多人身高都在5尺以上啊！"话刚出口，苏格拉底就笑着说："所以人要学会低头啊！"

再看富兰克林一个众所周知的故事：

青年时期的富兰克林年轻气盛，目中无人，走路总是昂首挺胸大踏步前进。一次他去拜访一位老前辈，也是高昂头迈着大步，没想到刚一走进对方的大门，就被门框狠狠地碰了头。他一边龇牙咧嘴地揉着头，一边看着比自己身体矮了一头的门。

这时，老前辈正好出来迎接他，见到他这个样子，就对他说："年轻人，这是你今天的最大收获，一个人要想平安无事地活在这个世上，就必须时刻记住：该低头就低头。这也是我想要教你的事情。"

低头看似是一种无奈，一种软弱，甚至是一种屈辱，但实际上却不是这样的，它是一种对现实的妥协，更是一种适应环境的大智慧。

加拿大魁北克省有一座山，山的东坡生长的是雪松，西坡生长的是其他乔木。下大雪的时候，雪松上很快就会落了厚厚的一层雪。当雪积到很多的时候，雪松那富有弹性的枝条就会向下弯曲，直到雪从枝上滑落，枝条恢复舒展。这样反复积雪，反复弯曲，反复滑落，雪松完好无损，可其他的树因缺乏这个本领，树枝就被压断了。

大自然的物种尚懂得这种趋吉避凶的生存智慧，人更应该懂得并能充分利用，才不枉万物之灵的称号。

实际上，能屈者、善屈者，历来不凡其人，勾践、蔺相如、韩信、刘邦，连大圣人孔子都是能屈、善屈者，他们无一例外都流芳千古。

有人认为，人格和尊严是高贵的，低头就意味着降低了人格和尊严，就是侮辱了自己，实际上，降低姿态和人格尊严没有必然的联系，更不意味着降低姿态就拉低了人格和尊严。要知道低头不是无原则的妥协，而是理智的退让和容忍，更是有意识的谦让和迂回，是一种人情练达，正如前面所说，它体现的是一种生存的大智慧。

他曾是一名高校教师，为人师表，工作体面，薪酬也说得过去，但是他不甘心只做个教书育人的老师，他有更大的理想。于是，他毅然辞掉了工作，来到北京，成了一名北漂。

理想和现实永远有着巨大的差距，没了稳定工作和收入的他本以为自己的北漂生活也会顺风顺水的，可是现实却让他屡屡碰壁。他找了多天的工作都没找到合适的，弄得身心疲惫，可是他还是坚持了下来，最后在一个俱乐部上了班。

发展会员是他工作的主要内容，也是衡量他工作业绩的唯一标准。他的生活状态发生了巨大改变，之前吃穿不愁、受人尊敬，现在每天腰酸背痛，还经常遭人白眼，工作开展起来异常艰难，他的内心十分低落，甚至有了丝丝的悔意。

不过，最终他还是挺了过来，适应了环境，学会了陪客人谈笑，学会面对冷冰冰的面孔如数家珍地介绍会员卡的各种好处。就这样坚持了半年以后，他开始发展了一个会员，接着第二个、第三个……

一年半以后，他终于出现在俱乐部召开的各种招待酒会上。参加这类酒会的多数是商业精英，或是社会名流。

在这里，他见不到那些白眼以及冷冰冰的面孔，也听不到尖酸刻薄的冷言冷语。他昔日的自信好像一下子又回到了他身上。他发挥出自己幽默的语言才能以及圆熟的处世技巧，很快和这些商业精英混熟了，成为了他们的朋友。此时，他的推销变成了推荐，水到渠成，他的会员数量与日俱增。

两年后，他被提拔为销售经理，之后又当上了销售总监，一直做到俱乐部副总裁的位子。

刚步入社会的年轻人经验不足、阅历不够、人脉不宽，空有一腔鸿鹄之志，只知自命清高，遇到困难和障碍，不肯降低姿态，盲目昂首前行，最终撞得头破血流，方知后悔。

一个人不可能干好所有的事情，也不可能永远不需要别人的帮助，在遭遇困境的时候，在自己力有不逮、无力回天的时候，性格好的人，知道适当低低头，弯弯腰，请求别人的支持和帮助，这是一种智慧，不会有人会因此把你当成弱者。

能低者，方能高；能屈者，方能伸；能退者，方能进。应该抱有这样的意识，适当屈服是一种弹性的生存方式，有可能为自己打开另一扇别开生面的窗，你的人生格局可能会因此而柳暗花明。

“恕”易做人，“拙”好处事

人是复杂的社会化动物，形形色色，各种各样，有着多元化人格、志趣、爱好，世上很难找出两个多方面完全相同的人，即使是孪生兄弟、孪生姐妹也不可能方方面面完全一样，总有这样那样的差别存在。

人的这种社会差异性是客观存在的，是成长的必然结果。既然是客观存在，一定意义上就需要得到认可和尊重，而不要苛求整齐划一，更不要求全责备，非要遵照某一标准。从一定意义上说，苛求完美、求全责备是罔顾现实的逆势而为，所以，必然是行不通的。可是却偏偏有些人性格执拗，觉得自己比别人高一筹，惯于要求别人按照自己的标准来，喜欢对人指手画脚，显然这是不合时宜的。

凡事不可强求，更不宜求全责备，多数时候，苛求完美、求全责备就是一个错误的态度，其结果可能伤了对方，害了自己，还可能使本该到手的机会溜走。

当唐·瓦尔丁第一次见到乔布斯时，就被乔布斯另类的打扮镇住了。乔布斯随意套着牛仔装，散着鞋带，凌乱的披肩长发散布前额，还蓄着大胡子。这副尊容给唐·瓦尔丁留下了不好的印象。另一个搞技术的年轻人沃茨也给他留下了类似的印象。这样的人不符合唐·瓦尔丁的标准和要求，于是他决定不与这样的人合作，不过他把乔布斯介绍给了另外一个风险投资家马克库拉。

与唐·瓦尔丁不一样，马克库拉虽然也觉得乔布斯的打扮有些“雷人”，不过他没有按照自己的标准要求乔布斯，而是任凭对方的喜好来。他重点看了乔布斯和沃茨开发的微电脑样机，然后详细询问了他们关于微电脑推向市场的商业计划。

马克库拉看得出来，乔布斯和沃茨精于技术，却对商业开发和推广不是很在行，不过他并不在意这一点。最后，他决定和乔布斯、沃茨两个年轻人合作，投资开发微电脑。事实证明，马克库拉的选择是极为正确的，乔布斯和沃茨给他带来了巨大的回报。

唐·瓦尔丁因性格的原因，对人求全责备而失去了乔布斯和沃茨两个顶尖技术人才，从而失去了成功的机会。虽然马克库拉也对乔布斯及沃茨某些方面不满意，但是他并没有像唐·瓦尔丁那样非要遵照自己的标准去衡量，更没有去要求对方改变，而是宽容地将其放过。他看重的是两个人过人的技术，最终他赢得了这两个技术人才的友谊，这一决策为他带来了巨大的回报和空前的成功。

人际交往中，以你的标准去要求别人，以你的尺度去衡量对方，要求对方不该如何，应该怎样，这就是一种求全责备。俗话说人无完人，谁都有不足的地方，如果其不足之处不会造成大的影响，就不要苛求符合什么标准。

即使对方的瑕疵和缺陷有碍事情的达成，可能的话，不妨给对方改正、改善的机会。如果能改变过来，谁又能保证当事者不会做出更大的成绩呢？不必非要按照自己的标准来。

你认为好的、对的，不一定一定是好的、对的，在别人眼里可能截然相反，所以，尽量不要苛责对方，要抱着求同存异的想法与人相处共事，否则就会让自己的人际关系紧张，甚至造成激烈的人际冲突，让负面影响无限放大，最终导致人心离散，让自己成为“孤家寡人”。

人各有所爱、各有所求、各有所志，鲁迅曾说：“倘要完全的书，天下可读的书怕要绝无，倘要完全的人，天下配活的人也就有限。”

水至清则无鱼，人至察则无徒，完美的状态绝非现实生活的产物，更何况你的标准、你的尺度未必就是正确的、高大的。

还有，以一种凌驾于人的姿态要求对方，是极容易引起对方反感的，所以要宽以待人，罔顾实际苛求对方要符合你的标准、你的逻辑，是十分不明智的，甚至是愚蠢的。

低调说话，谦和处世

很多人性格中似乎有自恋狂的倾向，与人交际，跟人沟通时非常喜欢标榜自我，总说“我如何如何”“我怎样怎样”，即使是大家的事，集体的劳作，也不说“我们如何如何”，也还是“我怎么怎么样”，殊不知，即便你的功劳最大，风头最劲，这么说也是很不合时宜的。

这种情况多出在有一定身份地位，或者能力强的人身上。因为有了一定的身份和地位，或者能力超出一般人，人性格中的那份自傲之心就容易膨胀，就容易唯我独尊。这样的人最容易“脱离群众”，变成最不受人欢迎的人。

一位心理学家曾做过这样一项有趣的试验：他让一个人分别扮演民主型和专制型的领导者，然后调查人们对这两类领导者的领导感觉。调查结果表明，人们十分拥护民主型领导者，而强烈反对专制型领导者。

产生这个泾渭分明的结果的主要原因就是民主型领导者的团结意识强，经常使用“我们”这个词，而专制型领导者团结意识薄弱，独裁意识强，他很少使用“我们”的字眼，清一色的“我”，什么都是“我的”，这样的领导者自然得不到人们的拥护。

一个人的本事再大，能力再强，也不可能无往不胜，同样需要得到他人的支持和帮助，正所谓“一个好汉三个帮”，单枪匹马闯天下的英雄主义已经不合时宜，团队制胜才是新时代的潮流。所以，在人际交往中，还一再标榜“我怎么样”的人是无知的、浅薄的。

在人际交往中，喜欢说“我”的人是不受欢迎的。《福布斯》杂志上曾登出一篇为《良好人际关系的一剂药方》的文章，文章总结出了与人交际最重要的5个字是："我以你为荣！"最重要的4个字是："您觉得呢？"最重要的3个字是："麻烦您！"最重要的2个字是："谢谢！"最重要的1个字是："你！"

亨利·福特二世在描述令人讨厌的行为时说："一个满嘴是'我'的人，一个随时随地说'我'的人，一个独占'我'字的人一定是一个不受欢迎的人。"

从中可知，人际交往中最不重要的一个字就是"我"。因此，在交际中，要多说"你"，多说"我们"，而要少说"我"，比如，"请问我们这项工作……"或者"请问我们公司……"还有"我们是否应该这样""让我们……"等。这样的表达更容易让人有参与感，让人觉得你随和亲切，团队意识强，从而更愿意与你接触、合作。而句句不离"我如何如何"只能让人感觉你是在自我表演，其他人只是可有可无的旁观者。由于没有了参演的热情，自然也就不会将自己的精力投入进去。

可能你已经习惯了说"我"，而非"我们"，那么从现在起，你要刻意将它改过来，可以参照下面几种情况进行：

（1）可以替代时，用"我们"替代"我"。

只要留心，会发现生活和工作中，这类情况很多，比如"对于这个问题，我们小组的建议是……""在我们大家的协调下，这项工作如期顺利展开。""只要我们努力，事情会有转机的。"平时说活前，要提醒自己说"我们"，时间长了，心理暗示就会成为一种习惯，那时你就会发现，很多人都喜欢和你说话、交往。

（2）将主语"我"省略掉。

如果你觉得将"我"改成"我们"不合适，或者你无法改变说"我"而非"我们"，那么你可以尝试着将主语"我"省略掉。比如可以说："真好，这项方案通过了。""还好，努力没有白费。""这个工作终于完成了。"

虽然没有使用“我们”，但也减少了使用“我”的频率，这样就避免使自己成为众矢之的，不失为一个折中的好办法。

（3）弱化“我”的负面作用。

有一些情况，既不合适用“我们”代替“我”，也不适宜省略主语“我”，而是非得使用“我”时，就要注意弱化“我”的负面作用，在说“我”的时候，要努力保持和缓的语调和谦和的表情，把表述的重点放在对事情的客观描述上，而非对“我”的歌功颂德上，这样就会在一定程度上，弱化“我”的负面作用了。

隐藏锋芒，避免众叛亲离

先来看一个萧伯纳的故事：

据说，大文豪萧伯纳从小就很聪明，且言语幽默，但年轻时的他性格外露，特别喜欢展露锋芒，说话也尖酸刻薄，谁要是被他说一句话，便会有体无完肤之感。

后来，一位老朋友私下对他说："你现在常常出语幽人之默，非常风趣可喜，但是大家都觉得，如果你不在场，他们会更快乐，因为他们比不上你，有你在，大家便不敢开口了。你的才干确实比他们略胜一筹，但这么一来，朋友将逐渐离开你，这对你又有什么益处呢？"

老朋友的这番话使萧伯纳如梦初醒，他感到如果不收敛锋芒，彻底改过，朋友将不再接纳他，人生也将会受到影响；所以他立下宗旨，从此以后，再也不讲尖酸的话了，要把天才发挥在文学上，这一转变造就了他后来在文坛上的地位。

这个小故事说明，与人交往时把你锋芒毕露的性格暴露出来，就容易使你众叛亲离，因此，如果你想赢得大家的喜欢，最好就把自己的锋芒适度收敛起来，去结个好人缘。

生活中，我们常会发现，性格沉稳随和的人很容易与别人相处，而锋芒毕露的人，则没有好人缘，因为与之走得太近容易被对方的"锋芒"所伤。

凡事都有两重性，既有好的一面也有不好的一面。同一件事，若正面去理解，可能是一件好事；但若从反面去看，则可能是一件坏事。人缘的作用正在于此，它有时可以使坏的变好，也可以使好的变坏。假如你人缘好，那么你每做一件事，别人都会津津乐道，即使你做错了事，冒犯了别人，别人也会善意地看待你的过错。

生活在宽松和谐的环境里，你心里没有负担，处处可以尽情尽兴。但如果你人缘不好，那么你每做一件事别人都会鸡蛋里挑骨头，更不要说做错事，冒犯别人了，即使你处处谨慎小心，事事正确，别人也会不以为然，不拿正眼看你。

好人缘的人脚下的路有千万条，反之，便只剩下一座独木桥了。而要想有个好人缘，就不要锋芒毕露，咄咄逼人。

很多时候，我们面对的不一定是大是大非的原则问题，没必要针锋相对。退一步别人过去了，自己也可以顺利通过。宽松和谐的人际关系，可以给我们带来很多方便，又避免了许多麻烦。假如你胸怀鸿鹄之志，可以一心一意去积蓄力量；假如你只想做普通人，可以活得从从容容，逍遥自在。可进可退，两头是路，何乐而不为？

生活中，我们常看到一些人自恃才高过人而锋芒毕露，结果却又在现实生活里碰了个头破血流。作为一个有才华的人，要做到不露锋芒，既能有效地保护自我，又能充分发挥自己的才华，因此，要改正盲目骄傲自大的性格，养成谦虚让人的美德。

做人切忌恃才自傲，不知饶人。锋芒太露易遭嫉恨，更容易树敌。你不露锋芒，可能永远得不到重任；你锋芒太露却又易招人陷害。锋芒太露的人虽容易取得暂时成功，却为自己掘好了坟墓。当你施展自己的才华时，也就埋下了危机的种子。所以才华显露要适可而止。

与“锋芒毕露”相对，我们提倡“韬光养晦”的处世哲学，你有锋芒，不一定非得一下子显露出来，反正时间会证明一切的。收敛锋芒，可以为你在与人相交时留下较大的回旋余地，这是一种必要的自我保护方法，也是通晓世故、圆滑处世的表现。

在现实中，如果你有锋芒毕露的嫌疑，就一定要及时自省，从下面两点查缺补漏：

（1）态度要端正。

你要睁大眼睛认清形势，无论你的上司能力多平庸，他就是上司，你就是他的下属，你不能改变就只有学会面对，否则，受伤害的一定是你自己。

（2）行动要低调。

保持态度端正了，就容易做到换位思考，你可以想一下，如果自己是领导，你希望下属的锋芒盖过你吗？显然不希望。所以，不论在公共场合或者私底下，你都要给足上司面子，行动低调。

“好刀出在刃上”，你有锋芒，应该在关键的时候展露给众人，而不是时不时拿出来挥舞一番，这样必然让众人疏远你、厌弃你，从而给自己的人生设下障碍。懂得适度隐藏自己锋芒毕露的性格，可以避免让自己站在风口浪尖，成为众矢之的，为自己赢得更多支持和帮助。

要推功揽过，不要揽功诿过

人的性格特征中，都倾向受赞美，喜欢听肯定、夸奖自己的话，也就是都喜欢功，不喜欢过，可见揽功诿过是人之常情。

有两个在洗浴中心上班的工作人员，一个在楼上更衣室做服务工作，一个在地下休息室做服务工作。有顾客自带茶杯，用更衣室工作人员茶瓶里的开水泡茶。更衣室的这个工作人员不太高兴，说更衣室不给顾客提供开水，需要热水去地下休息室去倒。

顾客多是附近的人，经常来，渐渐地与工作人员混熟了，所以，更衣室的工作人员虽然对于倒自己开水之事内心不爽，可是又抹不开情面，就睁一只眼闭一只眼了。

有一次一位顾客见更衣室茶瓶没水，就来到地下休息室倒水。这里的工作人员问为什么不用更衣室的开水。顾客回答：更衣室的工作人员忙，没有打水。休息区的工作人员急了：他怎么那么忙，连打水的时间都没有。这些水是我一趟趟拎过来的，很辛苦。他倒省事了，我却增加了工作量。

更衣室的工作人员知道此事后，也很气愤：顾客就应该在他们那里倒水，这是他们的职责。更衣室不负责给顾客提供开水，顾客喝这里的水是我们额外的劳动。他没有尽到职责不说，还有资格说我的不是，真有意思。

这事发生不久，两人又先后去洗浴中心主管经理那儿争功。更衣室的师傅说：为在更衣室休息的顾客提供续水服务，减轻了地下休息区师傅的工作负担，同时还赢得了顾客的好评。

地下休息室的师傅也当仁不让，说自己对休息区来倒开水的顾客来者不拒，左一趟右一趟不厌其烦地跑腿打开水，热情地为顾客服务。浴室生意兴隆有他的一份功劳。

从中可见，揽功去过是人趋吉避凶的一种本性。事情做好了，是自己考虑周全，安排得当的结果，而一旦事情没有做好，全怪他人重视不够、操作不力，自己毫无责任，躲得远远的，甚至唯恐避之不及。

这种表现是性格的外在体现，是一种“真性流露”。在工作和与人交往中，如果经常揽功诿过，推卸责任，遇事不敢担当，则一定会让自己孤立的。因为没人愿意与这样的人交往。所以，真正性格完善的人常常反其道而行之，变揽功诿过为推功揽过。一个幽默故事说明了这一点：

一只猫费了好大周折才捉到一只老鼠，它戏弄了一通这只老鼠后，却把老鼠放了。看家狗很不解，就问：“好不容易找到手，又为何放了呢？”

这只猫回答：“这不是没办法嘛。这次我是和我的上司一起下来捉老鼠的，现在我的上司还没抓到老鼠，我怎么可以抢先呢？”

可见，这只猫很清楚作为下属，知道何时做出“牺牲”，为上司铺好路，它先把这只老鼠折磨得筋疲力尽，好让上司轻易就可以捉到它。上司得到功劳，自然清楚是怎么回事，不免内心对它产生感激，这样它就会讨取上司的信任和提拔，可见，它的这种“牺牲”是一种非常必要的投资。

在职场，或与人交往中，一些喜欢揽功诿过的人往往将功劳全揽到自己身上，好像所有的好事都是他一个人干的，全靠他才完成了辉煌的壮举，没有他事情定会泡汤。同时却把一些过失推给别人。

如此一来，可能会因此获得上级的表扬和嘉奖，但是却一定会让其他参与者不高兴，甚至惹来他们的怨恨，从此与之离心离德，不管做什么事都不再配合，甚至还会报复对方。这样的话，还想再有所发展，那将是极为困难的。

相反，那些变揽功诿过为推功揽过的人，懂得分享，懂得适时“牺牲”，将功劳视为大家共同努力的结果，而过失由自己承担。大家心里清楚事情原本的样子，自然对这种行径报以认可和感激，从而愿意聚集在这些人身边，也愿意为之驱使服务。这样的人到哪儿都会受到众人的认可和欢迎。

揽功诿过的人目光短浅，自以为自己技高一筹，聪明一等，图一时之美名和一时之利益，让自己成为众矢之的，身陷离心离德、众叛亲离之困境，如不知悔改，迎来的必是一个黯淡的人生。而那些推功揽过的聪明人以自己的适当“牺牲”换来了众人的认可和喜欢，赢得了他们的信任和感激，拓展了自己的人脉圈，从而为自己换来一个成功的人生。

第六章

性格好的人，在做人上懂得尊重感恩

尊重，是人和人交往最好的名片，意味着美德和修养，意味着善意和包容。只有懂得尊重，我们才会收获尊重。感恩，是尊重的深化，代表着积极、乐观的心态。懂得感恩，并付出相应的行动，能使我们理解爱，收获真情。

把修养当作自己的第二张“名片”

人的修养主要体现在言行举止上。一个行为举止优雅的人会给人一种视觉美感和内心好感，即使一个外表很普通的人，只要其行为得体，举止规范，对人有礼貌，都会让人肃然起敬的，更为重要的是，它也体现了对人的尊重，

言行举止是品性的外化，是品性的一个展现“窗口”，正是通过一个人的言行举止，人们了解到他的品质、性格，进而判断他的为人。

一个性格完善，或者说性格真正好的人，他的言行举止一定会和他的品性相匹配的，也就是说，好性格，一定会有好的言行举止。

下面是一些常见的行为举止的恶习，这些恶习是性格中的“毒瘤”，对人的形象和人际交往有很大的破坏，所以一定要引起警惕，并引以为戒。

（1）让人感到厌恶的小动作。

比如当众肆无忌惮地打哈欠；不分场合地挖鼻孔、掏耳朵、剔牙、抠眼屎、搔头皮屑等，这些小动作常常会让旁观者感到恶心和厌恶。

（2）双腿不住抖动。

有很多人参加会议或者与人交谈时，双腿不住抖动。这个动作虽然无伤大雅，但由于双腿抖动不停，必然会导致他人心绪不宁，影响沟通，所以，这也是失礼的。

（3）跷二郎腿。

与人坐着交谈时，跷二郎腿是不礼貌的，容易给人一种傲慢自大、不尊重人的印象。如果只是把左腿架在右腿上，腿不抖、不晃，脚

尖也没有朝向别人，算不上失礼。同时还要注意上身不塌、不向后仰，也不要频繁地换腿。

（4）目光躲躲闪闪。

在与人交谈时，目光躲躲闪闪，或者干脆移开，这会给人留下你缺乏自信的印象，或者隐藏着不可告人的秘密，这容易让人产生反感。不过也要注意避免直盯着对方说话，那样会让对方产生压力，导致对方不快，因此，只要能安详地注视对方眼睛部位就可以了。

（5）表情呆板僵化。

与人交谈时，脸上表情僵化、不悦、冷漠，或者毫无表情，这都会给对方留下坏的印象，影响关系进一步发展，应该尽快改正。为使说话生动，吸引对方，给对方留下好印象，表情宜生动活泼，最好要面带微笑。

（6）说不良口头禅。

很多人说话有口头禅，说十句话，可能有七八个“然后”；有些人好像从来没有过顺心如意的时候，总是把“郁闷”挂在口头，还有的人喜欢说“随便”“对不对”“是吧”。年轻的孩子愿意说“神经病”“我晕”“无所谓”，等等，可以说五花八门。

很多口头禅也带有一定的贬义，是为不良口头禅，它不但让语言变得啰嗦，同时也彰显了当事人较差的品性，容易让人产生不舒服，甚至厌恶之感，影响了个人形象，所以，要努力戒掉这个坏毛病。

（7）着装过于随意。

在家着装随意一些关系不大，但是在与他人见面，特别是那种正式见面，就要讲究一些了，不可过于随意，当然这受与对方的关系影响，但还是要适当为好。适当的着装会体现你的身份和品位，同时也表现出你对对方的尊重，有助于发展人际关系。

事实告诉我们，注重自己的言行举止，严格要求自己行为文明化的人受人敬重，会缔造良好的人际关系。所以，一定要懂得约束并美化自己的言行举止，用小我塑造一个大我，交给对方一张让其肃然起敬的大名片。

隐私人人有，不踏雷区是高手

每个人都有隐私，对于隐私，多数人都持严密保护的态度，甚至拒绝至亲至近的人靠近。但是生活中，却偏偏有些人好奇心超重，总会找一切可能的机会刺探他人的隐私，借以显示自己不同寻常的身份。显而易见，这种心理和做法是不对的。这份躁动的好奇心往往会让自己陷于被动和尴尬的境地，有时甚至给自己带来危险，正所谓“好奇害死猫”是也。

小G在公司主要负责接待、联络一类的外勤工作，善解人意，做事干练，由此获得了经理的赏识，工作职权不断扩展。而小G也为自己在公司受到领导重视感到沾沾自喜。

一次，下班时间到了，经理没有回家，而是留在了公司。小G本可以回家，但是由于对经理留在公司不走感到很好奇，于是也出去转了一圈后又返回公司。在经过经理办公室时，他无意间发现经理和一个女孩在经理办公室并排坐着。

他的好奇心顿时被勾起，就想也没想就直接推开经理办公室的门走了进去，没想到恰好在这个时候，经理正好与那个女孩搂抱在一起。小G知道经理是有家室的，而眼前这个女孩显然不是。他一下子愣在了那里，一时之间，三人均不知所措。

最后还是经理打破尴尬，他问小G下班了，为什么还没有走。小G不知道如何应对，只好说：“对不起，打扰了。”然后一脸绯红地退了出来。

第二天，小G硬着头皮去上班，他不知道该以什么样的面目去面对经理，因此他很害怕与经理见面。可是见面是无法避免的。见面的时候，他发现经理看他的眼神有一种无法言说的冷漠。小G也不知道该说些什么，只好低头匆匆过去，失去了往日的自信。从此，经理不再给小G分配工作，也不再让他帮着做家里的事。

这种情况维持了一个多月，小G再也受不了这种无形的威严，只好递交了辞呈准备走人。经理也没有过多地挽留，小G就这样离开了工作多年的公司。

什么是隐私？“隐”就是藏起来，不想让别人知道，“私”，就是私人的，隐秘不公开的，隐私就是不想让人知道的信息。如果让其他人知道了，还叫什么隐私！对待隐私的态度，正如上面所说，几乎每个人都持保密、保护的态度，即使对至亲至近的人也要保密，不想让他们知道。这就好像大多数动物都有“领土”意识一样。

有的人依仗与对方关系好，就将对方的事当作自己的事，不再规范、约束自己的言行，大大咧咧、肆无忌惮，话想怎么说就怎么说，事想怎么做就怎么做，根本不顾及对方的不便和心理感受，殊不知有些私事是不宜参与其中的，即便你们关系十分好。

对别人的私事指手画脚、说三道四，绝对是费力不讨好的事。不要拿“当局者迷，旁观者清”来做挡箭牌，有些事你可以给些建议和意见，但绝对不要真拿自己不当外人，深陷其中，只会将自己置于尴尬，甚至是危险的境地。这正应了刀剑江湖中所说的“秘密知道得越少，越安全；知道得越多，越危险”。

事实证明，私人的事是要多复杂有多复杂，要多微妙有多微妙，所以不要自以为聪明，自以为说话多有分量，自己与对方的关系有多近，就自作多情多管闲事，那样多半只会聪明反被聪明误，搬起石头砸自己的脚，误了卿卿性命。

每个人的性格中多多少少都有好奇心的因子，但不要把这份天生的好奇心用在刺探他人的隐私上，以免给他人带来不必要的伤害。可以换位思考一下，假如被“刺探”的是自己的隐私，那么自己是不是也很不爽。

好奇心人人有，不踏雷区是高手。他人的隐私是一片不能随意侵犯的雷区，即使你有再大的好奇心，也一定不要把它建立在他人痛苦的基础上。

放下独享，学会分享

在道路狭窄时，要留空间让别人能走；在享受美味时，要分一些给别人吃。这里面的事理并不难懂，正所谓独食难肥，人要不懂得必要的分享和合作，那么就很难建立起融洽的人际关系，更难开创出大的事业。

在小的时候，大多数家长都会教孩子吃好吃的时候记得分给小伙伴们一些，有好玩的玩具记得和小朋友一起玩，要是吃独食，小朋友们就会把你当成小气鬼，从而远离你，就不和你玩了，有好事也不会找你了。这是最淳朴的分享教育。

长大了以后，人性格中的这种分享心理逐渐淡化了，原因在于人的自私和贪欲的心理在不断滋生，它让很多人变得贪婪和欲望无穷。看到好处就想独享、独吞，自己得利十分，不愿意分别人一厘一毫，完全忘记了独食难肥的古训。

事实上，吃独食确实“难肥”。不但如此，有的时候，不但难“独肥”，还往往会害了自身。

有个年轻人，名校毕业，满腹经纶，才华横溢，走到哪儿里都带着一种意气风发、舍我其谁的气势。在他眼里，别人都不如他，所以，他经常这样想：“我的能力最强，所以理应得到最多。”在这种思想下，他得到好处不与同事分享，事事都独占头功。

结果如何呢？组里的同事联合起来，结成同盟，跟他这位“牛掰人物”较劲，合力拆他的台。没用多久，他处处碰壁，事事不利，空有满腹才华无法施展，甚至连找诉苦的地方都无处可找。四面楚歌的情况下，他无奈递交了辞职信，懊悔地离开了这个他看好的单位。

可见，独食不是那么好吃的，真正性格好的人是从来都不会吃独食的。他们非常懂得好处是要均沾的，吃独食实难长久。

必要的分享是必须的，世上并不是所有的事情都是狭路相逢勇者胜，在恰当时机懂得与人分享，让与此有关系的人得到利益，人家才会乐意与你合作，乐意成全你，只有这样，你也才有可能戴上赢家的桂冠！

有个果农培育出皮薄、肉厚、汁甜的鲜桃新品种。新品种一上市，即引起销售商的热烈追捧，他们纷纷抢购。这位果农由此发了大财。附近的果农十分羡慕，他们也想引进这个新品种，于是便向发财的果农提出引进的要求。可是，这位果农担心他们抢了自己的生意，于是断然拒绝了他们的要求。

第二年收获季节，这位果农的果子质量大不如头一年，还有些遭了虫害。销售商都停止了从他这里进货。果农很沮丧，但不知道自己的果子为何质量下降如此严重，于是他就去请教当地的农科站专家。

专家仔细询问了果树的生长情况以及果园附近的种植情况，最后告诉果农："果树开花时经蜜蜂、蝴蝶和风的传播授粉，将新品种和旧品种杂交了，新品种质量由此下降。"

果农又问："那该如何解决呢？"专家回答："很简单啊，只要让你附近的其他果农也种这种新品种，就可以避免这种情况。"果农恍然大悟。回到家后，他主动让附近的果农引进自己的新品种。一年后，这位果农又一次大获丰收。

这就是要懂得必要分享的结果。独享是短暂的，又是有限的，只有将独享变成分享，才会让事情变得有生命力，也才会长长久久。

人与人之间的相处，大多数的时候并不是单项选择题——有你没他，或有他没你，而是多项选择，既可以有你，也可以有他，而且还往往 1+1 ＞ 2，实现双赢。

现代社会，几乎所有的成功者都深谙一个道理——成功是靠组织、靠团队，而不是靠个人。因此，他们一旦遇到难以解决的问题，首先想到的，就是找伙伴一起来商量，集思广益、博采众长，借团队的力量解决问题。反过来，有了好处，也大家均沾，各获得实际利益，那么成功也变得相对更加容易。

李嘉诚说："如果利润 10% 是合理的，本来你可以拿到 11%，但还是拿 9% 为上策，因为只有这样才会有后续的生意源源而来。"道理很简单，有分享才有合作，搞独裁、吃独食必弄个众叛亲离，势难长久，因此，在有必要分享的时候，记得敞开慷慨之心，舍去既得之财，方可让自己顺风顺水，永得支持。

记住别人的好，忘记别人的坏

有一个故事叫“将伤害写在沙子上”，故事的大意是：

两个朋友结伴到沙漠里去旅行。天气太炎热了，甲不堪忍受，突然中暑病倒了，并且生命垂危。为了挽救自己的同伴，乙不顾自己的生命安全，跑了很多路，为他找来了水，然后又背着他，一步步走出了危险的沙漠，最终摆脱了危险的境地，成功生存了下来。

甲内心充满感激，他把同伴冒着生命危险救自己的事，刻写在一块大石头上，以表示自己内心的无比感激之情。

之后，他们两个继续旅游。后来，由于一件事两人发生了争吵，乙气愤不过，顺手扇了甲一耳光。甲为此很是委屈。为了发泄自己内心的不满，他把同伴打他的事情，写在一片沙子上：“今天，我朋友扇了我一耳光。”

为什么甲将乙救自己的事刻在石头上，却将乙打自己的事写在沙子上。这其实反映了甲的一番苦心。他把别人施与的恩情刻在坚硬的石头上，任凭风吹日晒，可永不磨灭，借以表明永记心中。而将别人对自己所犯的过失写在沙子上，让伤害随风消逝，无痕无迹，表明自己对此的忘却与宽容。

对于别人给予自己的帮助和恩惠，时刻铭记在心里，不忘感激之情，并时刻寻找回报的机会。而对于别人不经意给自己造成的伤害，则予以极大的宽容，尽力忘却和宽容。

显然，记住别人的好，忘记别人的坏，是一种性格的完善，也是一种高境界、高情操。在这种高情操信念的驱动下，与人为善，助人为乐，豁达宽容，不斤斤计较，这样自然赢得了对方的肯定和欢喜，没有人不喜欢和这样的人来往、相处。

相反一个斤斤计较、心胸狭窄，只知道满足自己情绪的人势必会遭到周围人的反感，甚至是群起而攻之。一个新毕业的大学生通过考试成功进入一家单位上班。初接触，同事们觉得他还不错，可是时间一长，同事就发现了这个新来的同事是个斤斤计较、心胸狭窄的人。

怎么会得出这样一个有损他人尊严的认定呢？原来，这个人无论给同事帮什么忙，不管大忙小忙，都要想办法讨回来，即使是举手之劳的小忙，也不肯白帮。如果谁不小心开罪了他，他就会因此怀恨在心，总会找机会予以报复。

时间一长，上司也忍受不了，就找了个借口把他调到下面的分公司。临走的时候，没有一个人说一句舍不得和挽留的话，更别说有人送行。可是，他依然没有意识到自己的错误，反而认为是众人羡慕嫉妒他过人的眼界和才能，才公报私仇。

“谁想在困厄中得到援助，就应在平日待人以宽。”是著名诗人萨迪的一句名言，它也阐明了一个类似的人情世故的道理，只有在平日里对人关爱，与人为善，对别人的小过失、小错误宽容、谅解，不斤斤计较，不怀恨在心，别人才会换位思考，从而给予对方关爱、宽容的回报，才会在对方身陷困境时愿意伸出援助之手。

记着别人对自己的好，忘记别人对自己的坏，会让自己的心灵处于一个满足、快乐、健康的状态。反之，斤斤计较，心存不善，睚眦必报，定会毒害自己的心灵，让自己时时处于患得患失的状态，搞得自己身心疲惫，痛苦不堪，这又何必呢？善良、宽容、大度的人才可甩掉沉重的思想包袱，轻松上阵，大踏步前进。

总之，在为人处世中，人就是要发扬性格中“不念旧恶”的态度和精神，实际上，很多所谓的坏人，也都有善的一面，之所以在你面前呈现出“恶”的一面，可能是多种原因造成的，对此你要换位思考，理性对待，不宜以恶对恶，以暴抗暴。退一步说，即使是“恶”，如对方心存歉意，你不念恶，以礼相待，也多半会使为“恶”者感念其诚，改“恶”从善。

换位思考，体谅为先

领导有多种类型，总体来看，有的领导当得很辛苦，挠头的事一大堆，日理万机不说，最后也没忙出一个好的结果，而有的领导却当得很舒心，小日子很滋润，烦心的事很少，而且还赚了个盆满钵满。这里不去探究造成这种差异的原因所在，只想说一说，作为下属，无论你面对的是哪一类型的领导，无论你的领导当得辛苦还是轻松，你都要学会换位思考，多体谅领导。事实告诉我们，作为下属如果在工作中患难与共的态度，不理解领导，不体谅领导，就很难和领导和谐相处。

作为下属，不要以为领导拥有权力就会春风得意事事顺心，而自己普通职员一个，每天除了任务还是任务，有的只是压力和疲惫。事实上，绝大多数领导身上的担子都不比员工轻，压力都很大，需要考虑的事情要比你想象的多得多，悠闲、轻松那只是你对他的误解。

即便你的领导是一个能力很突出的人，也难免会有烦恼的事情，也避免不了遭遇工作上的困难和生活上的窘境。作为下属，一定多作换位思考，多体谅领导的难处。在他急躁发怒的时候，在他批评你的时候，多想想对方的职责所在，多想想他遭受的压力，多想想公司的规章制度，从而让自己保持正确的态度对待领导的指责和批评。

如果你能以虚心接受的态度面对他对你的指责，相信你的领导自会心中有数，往往会将你视为有正确工作态度的好员工。在领导心中，态度往往要高于能力，这样你就在领导心中有了一定的地位，取得了先机，利于你今后工作的开展和地位的提升。

一些人性格高傲，总喜欢把目光盯着领导的不足之处，专门找领导的毛病，给领导出难题，实际上，这根本没有什么实际意义，于己于人都没有什么益处。反而应该用积极的眼光去发现领导的长处，多体谅领导的难处，多关心领导，多协助领导解决问题。

即使你的领导真的能力不够，处理事情不妥当，或者错怪了你，让你受了委屈，你也要尽量多作换位思考，体谅一下领导，不宜做针锋相对的反抗，特别是不要当众与领导抗争。因为领导毕竟是领导，自有他的尊严和颜面，如果你直接反驳了他，与他对抗，尽管他可能知道错在自己，也会认为你不理解他，从而对你怀恨在心。你以后的日子可能会因此而难过。

员工和领导同在一个战壕，同在一条船，领导遇到了难题解决不了，势必会影响到公司，影响到员工，影响到自身。因此，可以说，领导有了麻烦，员工也就间接有了麻烦。从关心自身的利益出发，作为员工也要多体谅领导，多关心领导，多配合领导工作。

从领导的角度来看，员工多理解自己，多体谅自己，多关心自己，积极配合自己的工作，会让他有一种亲切感，会将员工视为自己的亲人、朋友，增加对员工的信任感，这样领导和员工和谐的人际关系就建立起来了。

总之，要设身处地多理解领导，多体谅领导，多支持领导工作，这是与领导处好关系的关键。事实上，换位思考是双向的，你理解他，他也会理解你；你不理解他，他自然也不会理解你，更不会善待你。所以，换位思考是必要的，更是紧要和关键的。

把感谢与感恩化作行动

感恩，是为人处世的重要出发点之一。为人处世如果不知道感恩图报，不知道秉持谢意，那么与冷漠的动物没有什么两样。自从我们来到这个世界上，帮助过我们的人有很多，所以需要我们感恩的地方、感恩的人有很多。感恩国家、感恩社会、感恩父母、感恩朋友、感恩生活、感恩挫折、感恩爱你的人、感恩不爱你的人，等等。

一个素不相识的人在你遭遇困难的时候，及时帮助了你，即使只给了你微笑，你也要表示感谢。那些斥责你的人让你了解到自己的缺点和不足，从而知道了完善自己，因此你也需要感谢。一言以蔽之，生活中需要我们感恩的地方真是太多了。

虽然我们理所应当要懂得感恩，同时，需要我们感恩的地方又那么多，可是真正懂得并做到感恩的人却又不是那么多，这是为什么呢？一个学者曾说："感恩是极有教养的产物，你不可能从一般人身上得到。"这说明了什么？

人际关系学大师卡耐基一语中的，道出了事实的真相，他说忘记感谢是人的天性。卡耐基在著作中描述道：

耶稣在一个下午使十个瘫子起立行走——但是有几个人回来感谢他呢？只有一位。耶稣环顾门徒问道："其他九位呢？"他们全跑了，谢也不谢就跑得无影无踪！让我来问问大家：我这样平凡的人给了人一点小恩惠，凭什么就希望得到比耶稣更多的感恩？

如果跟钱有关，那就更不要指望啦！杰克·舒瓦伯告诉我，他曾帮助过一位银行出纳，这个银行出纳挪用银行基金去做股票而造成亏损，舒瓦伯帮他补足金额以免吃上官司，这位出纳员是否感谢他呢？是感谢他，但只是一阵子，后来他就开始跟这位曾经帮助他脱离牢狱之灾的人作对。

你如果送你亲戚一百万美元，他应该会感谢你吧？安德鲁·卡耐基就资助过他的亲戚，不过如果安德鲁·卡耐基重新活过来，一定会很震惊地发现这位亲戚正在诅咒他呢！为什么？因为卡耐基遗留了三亿多美元的慈善基金——但他的那位亲戚只继承了一百万美元。

最后大师总结道：人间之事就是这样。忘记感谢乃是人的天性。如果我们偶尔得到别人的感激，那是一件惊喜。如果没有，那也不必难过。这告诉我们不要认为做了好事，帮助了别人，就指望这个人会对你感激。

也正因为如此，平时我们听到的一些感谢的话，有些发自真心，有些只是一种客套，是为了感谢而感谢。什么“这件事多亏您出手了，我们万分感激！”“对您的恩典，我们铭记在心！”“感谢您一直以来的支持和帮助，有机会我们一定报答。”可能是一些言不由衷的虚伪的话，并不是内心的真实想法。

因此，一定不要天真地把所有感恩的话当真，以为人家真的对你万分感激，或者铭记在心，甚至真的等人家日后报答。如果是这样的话，到时伤心失望的一定是你。

这并不是说人性本恶，只能说人性是复杂的。人要懂得感恩，但不要对自己的付出有太多、太高的回报期待。这是一种理智而又明智的处世做人的方式，它可以使你快乐享受生活。不至于受到这方面的心灵伤害。

明白了这个道理，在需要感恩他人的时候，我们不要只做表面功夫，而要发自内心地感谢、感激，可以根据实际情况，给予对方适当的物质和精神方面的赠与。一个性格完善的人，一定懂得感恩，也知道把感恩化作实际行动，而不是只做表面功夫。

第七章

性格好的人，在做人上懂得圆融沟通

只有懂得如何与他人圆融沟通，如何与他人良好互动，人与人之间的交流才会更顺畅，而顺畅的沟通又会进一步将良好的交流活动推向前。一个性格完善的人，懂得如何圆融沟通，如何把这种艺术最大化。

会说真心话和场面话

真心话是一个人内心真实情感之语，而场面话则是在公开场合下客套的言论。在人际交往中，说真心话，向对方坦诚表明心迹可以获得对方的信任，增进双方的感情和凝聚力，促进关系进一步向前发展，属于人际交往必备用语。

场面话也是人际交往的必备用语，是在各种场合下说的客套话，一定程度上，它能够发挥润滑剂的效用，可有效融洽人际关系，有助于消除陌生人之间的隔阂，使双方尽快熟络起来。

一个商务鸡尾酒会上，有个外商走过来与一个中国商人打招呼。中国商人急忙将手里的冰橙汁放下，与对方握手。外商微笑着问："您的手为什么这么冰冷呢？"中国商人急忙解释，并用手朝那杯冰橙汁乱指。

外商听后马上摇头："不不不，你只需要讲'我的手虽然冰冷，但我的心是热的'就行了。"

这里，外商询问的话其实就是场面话，实际上，外商并不是真正关心中国同行的手为什么是凉的，只是出于打招呼的需要才说的。同时，中国商人也没有义务去解释自己的手为什么是凉的。这不过是两个陌生人找个话题混个脸熟而已，不必太在意对方的每一句话。正如那个外商所说，只需要说"我的手虽然冰冷，我的心是热的"就可以了。

你要这样想：场面话而已，以睿智幽默的对答博个好印象就达到了目的。

人际交往中，迎来送往，接触的人形形色色，其中多数都是场面上的朋友，所以场面话需要经常说。既然是场面话，就不要对其过于认真，如果将别人说的场面话当成了真心话，认真甚至苛刻对待，那么就很有可能造成误会，影响了彼此关系，并可能会因此耽误了要办的事情。

A君在管理方面小有经验，但是在原公司一直没有得到升迁，于是他动了跳槽的想法。一次朋友聚会上，他通过朋友的介绍，认识了C君。在知道了C君有一定活动能力后，A君请求C君帮着找一个好公司。C君说自己确实认识一些大公司领导，可以帮助想想办法。A君十分高兴，千恩万谢后就回去等好消息去了。

可是几个月时间过去了，A君苦等消息无果，于是就有些生气地来找自己的那个朋友，抱怨C君说话不算数，言而无信，让自己傻等这么长时间。那个朋友本想告诉A君，对方只是应付地说一下场面话，不要过于认真。但是看着A君气愤的样子，又不知道该怎么劝慰。

正如那个朋友所说，C君只是应付地说一下场面话，而A君却将这句场面话当成真心话，结果闹出了矛盾，影响了双方的关系。

场面话是在“场面”上所说的话，是应付交际中各种“场面”的话，它似乎掩饰了许多真实的意思，很多时候让人信以为真。其实，要明白，那些话通常只是为了应付一些场合或是为自己找一个台阶下而已。你过于认真对待了，并因此耽误了事情，那是你的幼稚，怨不得对方。

但是也不要将场面话与空话、假话完全划上等号，应将其视为人际交往中一种必备的说话办事的技巧。因为在很多场合下，面子上的事情总是要讲一讲的，讲“场面话”的作用就是维护双方的面子，融洽交际的氛围，消除彼此陌生的隔阂。

场面话不一定代表一个人内心的真实想法，也不一定合乎事实，所以，不要将场面话当成真心话，而要把它当成说说而已的话，这样才能使自己不失望、不受伤。

场面话可以随意一些说，但是真心话却是不能随便说的，一定要看情况、看对象。只有情况适合了，对象适宜了，才能将内心的话讲出来。否则，只会让自己被动，甚至损害到自身的利益。正由于此，真心话不宜乱说，也不宜将场面话当成真心话。

那些在公开场合下恭维你的话、许诺你的话，酒桌上的话、客套话，你都要仔细加以甄别，分清它的真假。不妨持怀疑的态度、观望的态度对待，千万不要一开始就完全当真。如果把假当成真，把真当成假，最终吃亏的一定是自己。

性格完善的人能分辨出真心话和场面话，也会根据不同的环境说真心话和场面话，所以多数情况下，他们总是能受到欢迎。

开明待人：别抱着错误不放

在一所学院里，有两位教授因一个学术问题产生了一些矛盾，其中一位对另一位在公开场合曾发表了一些不恰当的言论，另一位教授听到后，自然很生气，但碍于情面和身份，气也只好憋在肚子里了。有一天他接到那位教授的来信，原来该教授已离开了学校，调到某新闻部门从事编辑工作。他在信中说，以前错误评估了他，希望得到原谅。此时，原本憋在教授肚子里的任何敌意和不满立刻烟消云散，他极其感动，马上回信，对教授勇于承认自己错误的做法表示敬意。从此以后，他们前嫌尽释，还成了好朋友。

这件事使我们了解到，承认自己的错误不但可以弥补破裂的关系，而且还可以增进感情。但要有勇气承认自己的错误也不是一件容易的事情。有些人一旦犯了错误，总是列出一万个理由来掩盖自己的错误，这无非是面子在作怪。以为一旦承认自己做错了，就伤了自尊，丢了面子。这种想法，无异于制造更多的错误，来保护第一个错误，真可谓错上加错。

古人说过："人非圣贤，孰能无过，过而能改，善莫大焉。"孔子曾把过失比喻为日食与月食，太阳、月亮上有块黑影，每个人都可能看见。因此，最好的办法是坦诚地承认自己的错误，通过承认错误使别人原谅自己，这样别人的批评也许会少些。知道自己犯了错误，立刻用对方欲责备自己的话来自责，这是改正的前提，也是使自己更加自信的好方法，这会使双方都感到愉快。

每个人都有自己的自尊心和荣誉感，如果双方争执时，你肯主动承认自己的错误，这不仅可以满足对方的自尊心，而且事后当对方冷静下来时，也会为你主动认错的做法而打动。

事实上，自觉地承认自己的错误，不但可以增加相互之间的了解和信任，而且能增进自我了解，进而产生自信心。有时候人们要等到自己看见并接受自己所犯的错误时，才能真正了解自己的能力。让我们来看一看当年的亨利·福特二世是如何从错误中学习，从而真正了解自己的能力。

当年26岁的亨利·福特二世接任了每日损失九百万元的福特汽车公司的总裁。上任后，他实施了一系列革新措施，经历了失败和成功，终于扭转了公司的命运。有人问他如果让他从头再来的话，会有什么不同的表现，他回答说："我只能从错误中学习，因此我认为不可能有什么不同的作为，我只是犯不同的错误而已。"切记承认自己的错误不是耻辱，而是真挚和诚恳的表现。其实，承认你的错误，更显示你人格的伟大。凡是伟大的人都勇于认错，乐于自我修正。

邱吉尔起初对杜鲁门的印象很坏，但后来他告诉杜鲁门说以前低估了他，这就以赞誉的方式承认了自己的错误。认错时一定出于至诚，不要虚情假意。至诚不等于奴颜婢膝，不必低三下四，要堂堂正正、不卑不亢，承认错误是希望纠正错误，这本身是值得尊敬的事情。

早在两千年前，古希腊的哲学家留基伯与德谟克利特，就从自己与别人错误的比较中，明确地指出："谴责自己的过错比谴责别人的过错好。"最愚蠢的人才会找借口掩饰自己的错误。假如我们发现了自己的错误，就爽快地承认，并诚心诚意地予以修正，这将使你的人格更具魅力。

但是假如你没有错，就不要为了息事宁人而认错，这是没有尊严的做法，对任何人都无好处。假如你是一位主管，辞退了某位不称职的部属，即使觉得遗憾，也用不着认错。

尴尬时，懂得用幽默化解

幽默是人际交往中的吸铁石，可以将周围的人吸引到你身边来；幽默也是转换器，可以将痛苦转化为欢乐，将烦闷转化为欢畅。每个人都喜欢与机智幽默的人做朋友，而不愿与忧郁沉闷、呆板木讷的人交往。

华盛顿总统说：“世界上有三件事是真实的——上帝的存在、人类的愚蠢和令人好笑的事情。前两者是我们难以理喻的；所以我们必须利用第三者大做文章。”所以我们要学会幽默，让幽默快乐我们的生活。

人与人之间的交往并非全都是友好的。有些人往往充满敌意，或者因为某些原因，两人相处得很尴尬。在这些时候，幽默的表达是解除这些窘境的最好方法，看下面两则小幽默。

一则：

一天，罗伯特敲开了邻居的门：“请把您的收录机借给我用一晚上好吗？”

“怎么，您也喜欢晚间特别节目吗？”

“不，我只是想夜里安安静静地睡上一觉。”

二则：

一位年轻的士兵在宴会上斟酒时不慎将酒泼到一位将军的秃头

上，顿时，士兵悚然，全场寂静，这位将军却悠悠然，他轻抚士兵的肩头，说："兄弟，你认为这种治疗有用吗？"会场立即爆发出笑声，人们绷紧了的心弦松弛了下来。

生活需要幽默，如同需要春风、需要阳光、需要甜蜜、需要笑脸一样。有幽默的地方，气氛会更加活跃。人与人之间有了幽默就不至于生涩，而且常常可以使感情升华。

幽默是一门艺术，有一定的准则要遵循，绝不是想怎样幽默就怎样幽默，想跟谁幽默就跟谁幽默，想在哪儿幽默就在哪儿幽默。如果不遵循幽默的准则，轻者使话题沦为浅薄、低级，原味尽失，严重者还会破坏气氛，得罪人，使人心存反感。

幽默时，通常要遵循"三看一要"的准则：

（1）看对象。

幽默一定要看开玩笑的对象。有的人性情随和开朗，愿意别人和他开些玩笑，而有的人性情古板，非常抵触别人同他开玩笑。对于前者开些适宜的玩笑，不但能活跃一下气氛，还可以增进彼此的感情，而对于后者，则需慎重开玩笑，不但得不到你想要的效果，还可能会刺激到对方，跟你翻脸，最后闹得不欢而散。

通常情况下，领导和下属开些玩笑，可以达到让人觉得彼此平等，领导平易近人的效果，可是反过来，下属就不适宜和领导开玩笑，虽然你们可能是好同学、好朋友，有很好的交情，但领导永远是领导，自有他的自尊和脸面，不容随意"亵渎"，特别有别人在场的情况下，更不宜与领导开玩笑，弄不好会引火上身。

另外，也不要总和同事开玩笑，特别是异性同事，那样会显得不够庄重，降低自己的人格，容易让对方看轻你，认为你不够成熟，不够踏实，从而对你失去信任。

还有，不要随意和长辈开玩笑，那样容易落得没大没小、不尊敬长辈的名声。

（2）看场合。

开玩笑还要注意场合是否合适。比如在图书馆、医院、会议现场等需要肃静郑重的场所就不适宜开玩笑。要不然不但不会起到应有的效果，反而极有可能适得其反。

（3）看时机。

在时机的选择方面，通常要选择对方心情舒畅，或者当对方因小事生气烦闷时。这时开玩笑，可将对方的情绪提高或扭转过来，即使开的玩笑有些不合适，如果时机选择适当，也无伤大雅，不会惹对方不高兴。

（4）要注意内容。

玩笑话的内容是很重要的，一定要注意内容健康，情调高雅，切忌开庸俗的玩笑，比如逗乐的黄色段子，特别是有女士在场的时候，更不要开这种玩笑。

另外，一定不要拿别人生理上的缺陷开玩笑，对身体伤残的人士不使用“残废人”“独眼龙”“瞎子”“聋子”“傻子”“呆子”“弱智”等蔑称，而应使用“残疾人”“盲人”“聋人”“智力障碍者”等词语。

幽默的人能够给周围的人带来很多欢乐，在人际交往中充满个人魅力，所到之处广受欢迎。一个性格完善的人，肯定懂得幽默的艺术，并会恰到好处地运用它，让它给自己的生活和事业带来欢乐和希望。

贵而不显，显而不露

有些自诩聪明的人恃才傲物，目中无人，看谁都是豆腐渣，唯有自己是朵花，任何事都不入他法眼，事事抢先，唯我独尊，可惜，这种人只能用“肤浅”一词来形容。

且不说山外有山，人外有人，单说即使你真是能力超群、智慧过人，这种高调又是否适合呢？无数的生活事实告诉我们：身怀绝技而深藏不露，唯有时机来临才会适度展现的人才是真正聪明的人，拥有大智慧的人。

有能力、有才华固然是做事的优势，但一定要“矜持”利用，而不要像竹筒倒豆子一样把“宝贝”一下子全拿出来，现实生活中，才华出众却被排挤的人数不胜数。他们身负才华，感觉就像拥有一把传世名剑一样，逢人就要吹嘘一番，拿在手中四处挥舞，唯恐别人不知道自己有盖世才华，傻乎乎地把自己树成众人想打的活靶子。可以说，他们是自己不幸的制造者，自己把自己推进了陷阱。

有这种性格的人，不懂得隐藏，只知道卖弄。虽然一时可能崭露头角，也可能带来某些美好效应，但是这些美好效应绝不会长久，也不会有好的结局，因此，一定要学会隐藏实力，不轻易将自己的底牌亮出来。

学会隐藏实力，不轻易亮出自己的底牌是现实生活人际交往的需要，它往往会给人一种有内涵、沉稳，甚至是神秘的感觉，让你充满魅力，而像上述那样轻易、过早就将自己的底牌亮出来，往往会将自己置于被动的环境中。

某君大学刚一毕业，就进入一家有规模的上市公司上班。进公司的第一天，在餐厅吃饭的时候，他就对新同事说，现在的部门经理是自己老爸的发小，关系铁着呢。

他将自己的这一底牌透漏给同事，意在炫耀自己有背景，好让自己在公司得到额外的照顾。事实上，他也因此获得了额外的照顾。部门大大小小的事情都让他参与，每次培训学习的名额也一定有他一个。其他好处也没有一次落下他。他得到了比别人多得多的锻炼机会。

同时，他也算努力，没有过于辜负这份额外的照顾。一年时间过去了，他做出了一些成绩，也被提拔为部门小组的组长。可是世事难料，公司人事变动，他所在部门的经理，也就是他老爸的那位铁杆发小被调离了部门经理的岗位。这一变故让他有些始料不及。

部门新调来一位经理。一朝天子一朝臣，由于他与那位调走的经理私交甚好，他过去所取得的成绩也都被认为是私下照顾的结果，由此他遭受了冷落。

他后悔不已，他后悔的是当初如果自己不那么早，或者根本不亮自己的底牌，凭自己的努力和原先经理的私下照顾，也肯定会做出一番成绩，绝不至于落到今天的下场。可是现在后悔，又有什么用呢？只不过徒增烦恼而已。

每个人性格中多多少少都有嫉贤妒能的特性，你那么能显摆，那么招风，自然容易遭到众人群起而攻之。树大招风，木秀于林风必摧之的道理不难明白，因此，性格完善的人，都会“藏露”之功，知道什么时候将自己的底牌隐藏起来，什么时候将自己的底牌展露出来。

《菜根谭》中言道：“君子之心事，天青日白，不可使人不知；君子之才华，玉韫珠藏，不可使人易知。”

这句话的核心意思就是劝人像藏珠玉一样把能力和才华深深藏起来，而不要轻易向人炫耀。现实中，许多人正是因为急于将自己的底牌显露出来，才让自己四处碰壁、处处受窘，甚至举步维艰。

当然，这里不是主张你有才能不展示出来，而是让你悠着点，不要急于一时，要等时机合适了再展示也不迟。“藏露”，有“藏”有“露”，如果缺乏前期大智若愚的铺垫，简单粗暴地将自己的才华一览无余地展露出来，不仅达不到一鸣惊人的效果，同时，还往往会引来众人的嫉妒，为自己树立对手和敌人。

真正性格好的人，会隐藏实力，积攒力量，然后等待时机，在关键时刻展现惊人实力，正所谓“鹰立如睡，虎行似病，正是它攫人噬人手段处。故君子要聪明不露，才华不逞，才有肩鸿任钜的力量。”我们要学一学古人这种韬晦藏巧的智慧以及“含蓄”的力量。

善意的谎言也美丽

不可否认，讲究诚信是为人做事的一条重要准则，但是任何事情都不宜绝对化，什么事都有其两面性，讲究诚信也是如此，不能说讲究诚信，就要反对一切形式的谎言，这样事情就绝对化了。而绝对化的事情通常是既不符合科学发展观，又不为现实所接受。

现实生活也告诉我们，很多时候，如果不顾实际情况，一味地讲真话、讲实话，未必就会收到好的效果。你以为你遵循的是原则，讲的是美德，但如果罔顾实际，脱离现实，那么你的诚信就变成了古板、僵化、落后。

要看到谎言虽然是欺骗，但不全是恶意的，很多时候，在特定的场合和时机下，对某些人而言是它是善意的，有用的，这样自然也是必要的，这就是所谓的“善意的谎言”。

曾经有一位教师对他的学生说他能够预测未来，他预测自己的学生：你可以当个作家，你可以当科学家，你在艺术界会有所发展……

老师的预测给了这些学生以鼓舞和自信，他们变得异常勤奋，懂事好学。几年以后，这些学生以优异的成绩迈出大学的校门，再几年以后，他们中的很多人真的成了科学家、作家、画家……人们以为这个老师真的有预测未来的神奇能力，不由得心存敬畏，实际上却根本不是这回事。

真实的情况是这个老师将一个个善良的、美丽的谎言根植在学生们心中，这些谎言就像一颗颗种子在土里茁壮成长，最终破土而出，枝繁叶茂，并开花结果。

一个学生很笨，虽然很努力，但数学成绩一直不好。一次数学测验后，数学老师对他说，虽然你的分数并不高，但是你解题的思路独辟蹊径、与众不同，很有启发性，可能你在这方面有天赋。

学生听了老师的话，一扫之前颓废的情绪，并认为自己的思维真的有些与众不同。从那时起，他真正喜欢上了数学，做题时努力发散自己的思维，坚持啃那些难题。他的数学成绩开始慢慢变好，后来被选为数学课代表，之后又代表学校参加省里的数学竞赛，并最终载誉而归。多年以后，他成为了一名大学教师，主讲的课程是高级数学。

真实的情况同样不是他真的有什么数学天赋，而是老师用善意的谎言激发出了他的自信，最终引导他走上了成功的道路。

试想，这些情况下，如果不知变通，生硬遵照做事讲究诚信的原则，实话实说，那还会有后面的结果吗？所以，不是所有的事情都适宜用真话解决，谎言自有它的妙用。

当然，这里所说的谎言不是那种肆无忌惮、无原则的说谎，而是从善意出发，可以给当事人带来益处的谎言，两者有着巨大的本质差别。

为了自身的利益而说谎，那是欺骗；为了他人的利益而说谎，那是诈骗；为了损害别人而说谎，那是罪恶，而不为自己利益却为当事人利益说谎，那是善良。

为人做事，善意的谎言具有神奇的力量，用处非常大，应用的范围也非常广，它可以让濒临死亡的患者心底燃起希望之火；让对生活无望的人重燃对生活的信心；能让人找到用笑脸去面对生活的理由；能鼓舞你一次再一次地做着进步的努力，直至达到目标。

正因为如此，性格完善的人很少纠结于该不该说谎，也不玩什么全真教，而是从客观情况出发，本着善意的原则与人交流沟通。执拗于不肯说谎，一心当“真人”，除了说明你的迂腐外，什么也说明不了。

变脸原理：多几副面孔待人

在工作中我们常常看到，老板们周旋于公司各部门之间，周旋于商场和各公司之间，与来自各个方面的形形色色的人打交道，如果不具备一套行之有效的应付各种各样的人的办法，很难做到让方方面面都满意。这就要求老板们能够像“千面观音”一样，具备不同的面孔来对付不同的人。

生活中有所谓“见人说人话，见鬼说鬼话”的说法，如果抛开其中的讽刺意味不看，也自有其道理。试问，您若是对鬼也只说人话，它能听得懂吗？老板对于公司内部的成员，可以摆出多种面孔，每种面孔适应不同的场合。就如同京剧的脸谱一样，每种类型的脸谱代表一定的性格。

当老板，不能让人一眼望去就知道是什么性格，不然岂不是很容易上当受骗？老板大可以看情况的需要，先选一张合适的脸谱戴在脸上，再对企业员工讲话。这样，凭着老板当时是哪一种面孔，员工就知道老板在想些什么，要说些什么话，做些什么事。而实际上，员工所观察出来的，只是老板希望他们看到的，至于老板真正的深谋远虑、雄才大略则是不轻易让别人知道的。一句话，不能让人摸清底细。

老板可以摆出一张微笑的面孔，点头向大家说：“可以，很好。”不时地感谢一下员工；也可以说几句，“辛苦了，谢谢，谢谢！”以使大家工作起来更加有劲头，更加高兴。然后，老板也可以再摆出一张严肃的面孔，用来指挥大局，共同奋斗。老板还可以用一种无可置疑的口气向员工们讲“你去那里”，“让他来这里”，“就这么办”，“加一把力”，“马上就要成功了”，如此才会指挥有方，工作有条不紊，更有效率。

有时，老板又需要摆出一副怒发冲冠的样子说：“不行！重来！”或者说：“不能这么做！”然后再摆出慈善的面孔，对员工悉心教导，循循善诱地讲：“要吸取教训”，“对你的责骂实际上是对你的关心”，“你这样做有不对的地方”，等等。

老板的面孔总是要变来变去，一张面孔笑着说“行”；另一张面孔怒声说“不行”；更换一张面孔，严肃地说：“你这个人，是个两面派，怎么总是当面一套，背后一套。”如此等等，不一而足。那么老板这么变来变去，到底是好是坏？

任何事情，通常都不能用“好”“坏”二字来下一个过于简单和绝对的结论。正如“这世界上没有绝对的好人，也没有绝对的坏人”。

衡量一件事情做得正确与否，归根结底要看“实践”。实践证明：在当时多摆几个面孔是对的，那就是对的，反之就是错的。而确保所做的事经得起实践的检验，要学会的是：“一切从实际出发，具体问题具体分析。”摆什么样的面孔，摆在什么时间，完全要看当时的情况，要做的事还必须灵活多变。“万变不离其宗”，这个“宗”就是指合乎实际情况，合乎道理。变是一定要变的，这个世界本来就是丰富多彩的，千变万化的。信息时代，生活瞬息万变，想单凭一张面孔就能应付所有的场合，是痴人说梦。

有一家大公司的总经理，因一桩大生意赔了本，使公司蒙受了重大的损失。这个总经理深知责任很大，于是向董事会递交了辞呈。但董事会并没有批准他的辞呈。董事长握住了总经理的手，深情地说：“我们已为你的学习交了这么多的学费，不希望你就这样走了，学了不要白学。”总经理立刻被感动得热泪盈眶，觉得为了挽回自己的过失即使粉身碎骨也在所不惜。果然，在以后的工作中，总经理发愤图强，拼命苦干，为公司赚取了一笔又一笔的巨额资本，这就是董事长适当地换了一副正确的面孔，让总经理感恩戴德。

设想一下，如果董事长当时大发脾气，一脚将总经理踢出门去，换一个新手从头干起，那么今天这个公司未必会有那么好的业绩。

各种面孔的使用都是必要的，关键是看在什么时候，什么场合用哪一种面孔合适。做老板，亲自指挥也罢，赞扬鼓励也罢，指责批评也罢，关键在于时机的把握，时机正确，方能取得有益的效果。老板的面孔可以变，但万变不离其宗；老板的面孔需要变，但要相机而动；变得好，能让员工赶上老板的步伐，更见效果，更出成绩。

把批评变成一场和气的谈话

可以肯定地说，大多数人都愿意听认同、夸奖自己的话，而不愿意听否定、指责自己的话。而批评就属于否定、指责的话。

虽然批评他人绝大多数的时候都源自一份好心，可是要想让这份好心得到好的效果不是那么简单，算是一门社会学艺术，如果批评得体，被批的人不但不会心里不爽，反而还可能会感激你的提醒，使彼此的关系更为紧密。但是，如果批评不得当，不但不会获得感恩，反而还会惹得对方恼火，落下埋怨，甚至招致怨恨，那样的话批评就变成了一味人际毒药。

要想让批评收到一个好的效果，就一定要有所讲究。如果能把批评变成一场气氛融洽的谈话，那么批评就不会损害到彼此的关系，为此，需要做到：

（1）尊重，讲道理。

尊重，讲道理是批评的重要前提之一。一定不要把批评当成讽刺，当成奚落，甚至当成惩罚，而是要让对方明白某个事理。所以，在批评的时候，一定要尊重对方，不要伤害对方的感情，而且一定要以理服人，让对方明白事情的道理，这样对方才有可能愿意接受。

如果不顾实际情况上来就训斥对方一通，对对方好的方面和做出的成绩视而不见，这样会让对方感觉不公平，感情受伤，自然不愿意接受你的批评。

（2）注意场合、时机。

批评他人时，要考虑时间、场合和机会。适宜在单独相处时提出批评意见，同时，要注意不要高声大叫，以免被更多的人听见，总之，要照顾对方的情绪，尽量给对方留面子。

（3）对事不对人。

对事不对人是批评的一个重要原则。批评时，要就他人所做的错误行为提出意见，而不要批评当事人。绝不应该这样批评："从你做的这件事上就可以看出你做事一根筋。"这是批评的大忌。

（4）有褒有扬。

批评他人前，可以适当给对方一点赞扬，或说些恭维的话，在创造一个和谐的气氛后，再展开批评批。这样做的好处就是让对方把批评听得下去，并容易接受批评。如可以这样说："在这次接待工作中，你准备工作做得很充分，资料调配及时，非常不错，如果再在个别服务上跟得上，那就完美了。"

（5）指出"错"的同时指明"方向"。

批评他人时，不但要指出对方"错"在哪里，而且还要指明改正的方向，这样，会使批评产生积极的结果。如不要说："大家都在忙的时候，你怎么呆坐在那儿？"而要说："大家都忙的时候，你也要帮着摆一下会议资料，打印一下宣传文件。"

（6）一次犯错，一次批评。

俗话说"话说三遍淡如水"。要想让对方对一个过错引起注意，一次提醒也就够了，正所谓一次犯错，一次批评，而不要将错误累积在一起，秋后算总账。重谈过去的错误，揭过去的伤疤，只会让人不舒服，引起反感，却无助于教育的效果。

（7）以友好的方式结束批评。

批评的目的是"治病救人"，不是让人绝望，所以，宜以勉励、引导的话语结束批评，如说："我相信你会从中吸取经验教训改正错误的。"而不是说："你的错误是严重的，我不知道你能否改正，至于今后如何，你自己看着办吧！"

没有人喜欢批评，更别说是颐指气使、高高在上的指责式批评，这是人的普遍心理，所以切莫轻易批评、指责别人。在有必要批评的时候，一定要讲究批评的方法和艺术，让批评变得中肯，要尽量站在对方的立场上，以关怀、爱护、诚心诚意的态度提出批评意见，容易让对方接受，避免使对方产生逆反心理。

忠告的话，要让对方愿意听

同批评一样，忠告也要讲究方式，否则，即便是为人家好，也不见得为人家所理解和接受，这就是所谓的：忠告的话，也要对方愿意听。

想想也是，每个人都有长处和短处，世上只有长处而没有短处的人是不存在的，同样，只有短处而没有长处的人也不存在，所以不要只盯着别人的短处看，而忽略对方的长处。不讲究忠告方式的人可能就是把眼光只盯在对方的短处上，而罔顾人家的长处，致使让对方感觉你是在挑毛病，从而不愿意接受你的忠告和批评，即便你是出于好意。

性格完善的人了解人的这种心理，因此他们通常讲究忠告的艺术性，努力让对方心甘情愿接受自己的忠告，他们通常是这样做的：

（1）让对方明白你的好意。

众所周知，忠告是为了对方，根本出发点是想帮助对方。因此，在忠告前，要让对方明白你的一番好意，不要一开始就让对方内心质疑你的用意。这就要求你忠告时，讲话的态度一定要谦和诚恳，而且用语不要过于激烈，但也不要过于委婉，否则的话，对方就容易产生你是在奚落他、教训他，假惺惺的反感情绪。

（2）选择一个好时机。

忠告要选择一个好时机。比如，当朋友尽了最大努力而没有将你所托的事情办好、办妥时，不要向他们提出忠告。这个时候提忠告是不合时宜的。要是你这时不适时宜地地说“当时你不那样做事情就办成了”之类的话，即便你所指出的症结是对的，句句在理，可是会让对方顿生“你没看见我已经尽力了吗？”“我没有功劳，还有苦劳呢！”的反感，自然不会有什么好的效果。

真正性格好的人从来不会做这样的蠢事，总是会很恳切地说上几句“让你跟着费心了”“这次辛苦你了”，“不怪你，你已经尽力了”，“这事的确不那么好办”之类的安慰话，然后再与其一起分析失败的原因，最终对方多半会欣然接受你的忠告的。

（3）选择一个好场合。

忠告的提出场合也十分关键。严格来说，提出忠告时，最好现场没有其他人，一对一为好。避开他人的耳目，不当着他人的面向对方提出忠告，会让对方有一种尊重感，面子上比较好过。如果当着别人的面提出忠告，出于保护面子的需要，对方就会受自尊心驱使而产生抵触情绪，即便他也知道自己做事的方法、方式不对。

（4）不要乱比较。

提出忠告还要注意不要将事与事、人与人作比较。因为这个时候拿来作比较的往往是一方的长而比对对方的短，这样很容易伤害对方的自尊心。“同样做网上营销，你看对面销售人员那天不是带很多客户回来，而你们半个月下来了，带回几个客户？就不能向人家学学吗？”一名房地产销售经理对手下房地产置业顾问说。

“他们那么好，那你为什么不将他们招来，他们来，我们走人！”几个置业顾问嚷道。虽然他们明明知道自己的缺点，但由于领导的话伤了他们的自尊心，出于维护面子的需要，他们自然不会甘愿接受这忠告和批评。这名经理的劝告不但没起到应有的效果，还起了反作用。

事实证明，直接不讲技巧的忠告多不为人所接受，它将问题与问题、人与人面对面摆在一起，除了赤裸裸直接面对以外，没有任何的回旋余地，极容易让他人自尊心受损，颜面大失，从而让对方形成心理上的不安全感和独立情绪，这种情况下，不愿接受再正常不过了。

性格完善的人懂得变通，把不好说的话巧妙来说，不仅让对方感到自己的诚意，还心甘情愿接受自己的意见和建议。这是其高明的地方。千万不要以为出发点是好的，就什么都可以不讲究，好话还要好说，才会有好的结果。

说对方感兴趣的话，拉近和对方的关系

要想与人打好交道，建立良好关系，就要懂得如何讨喜对方，让对方对你产生兴趣。那么如何才能做到这一点呢？人际关系大师卡耐基曾说过这样一段话："如果你想让别人对你产生兴趣，你必须注意的一点是：与对方谈论他感兴趣的话题。"

这就要求在人际交往中要懂得"投其所好"，选择一个合适的话题，激发起对方的谈论兴趣，双方在谈论中增进情感，借此和对方拉近关系，如果做不到这一点，人际关系则很难顺利开展和建立。

明溪是一位社会福利院工作人员。一次福利院要举办一场大型的宣传生命健康的公益活动，要求工作人员面向社会募集资金赞助。明溪想到了自己认识的一家公司的经理，之前他曾听过这位经理热衷于慈善事业，曾向一所小学捐助100万人民币帮助学校修缮教室、美好校园。想到这里，明溪知道了自己如何去开展这次的公关活动了。

明溪在见到这位经理后，说："我还未曾听说咱们市有人如此慷慨，如此热衷慈善事业，这真是我们市人民的福分。我要回去向孩子们说，这件事是千真万确的。"

听到这里，这位经理非常愉快地把相关资料拿给明溪看，以证明确有此事，而明溪则赞叹不已，并询问相关情况，这位经理饶有兴趣地告诉了他。

之后，经理问明溪："你来找我有什么事吗？"到这时，明溪才将自己的来意说明。不出明溪的料想，这位经理非常爽快地答应明溪，自己将赞助20万元人民币给这次活动，并建议这次活动的规模要更大些，以扩大宣传力度。明溪愉快地答应会郑重考虑这个建议。

明溪的这次拉赞助活动之所以如此顺利，和他与对方愉快的交谈有密不可分的关系。他“投其所好”，谈了对方感兴趣的话题，从而使对方高兴地和他交谈，宾主双方在谈话中产生了共鸣，情感得到欢快地宣泄，事情也就水到渠成了。可以试想一下，如果明溪一见面，就开门见山提出赞助的要求，恐怕结果会让他大失所望的。

在这里，合适的话题显得非常重要，如果找不到合适的话题，则增进情感的谈话就无从谈起。可以说合适的话题是让对方放下戒备心理，诚心和你谈话的最好工具。那么，如何找寻合适的话题呢？答案还是要从“投其所好”中寻找。

“投其所好”中的“好”指的就是对方喜欢、感兴趣的事物，这可以从对方的爱好、喜欢关注的事物中去寻找。因此，在准备与对方见面之前，要努力多方搜集对方的情况，了解相关信息，以便做好准备工作，做到沟通有的放矢。

如果与对方不熟悉，在会面的时候，要留心观察对方的服饰、言谈举止以及精神状态，抓住对方的某一特征，以话试探，在对方的回答中发现对方的兴趣所在，借以展开话题，如，看对方身着唐装，可以说：“您这身唐装真有品味。”还可以看对方身上有无和自己有交集的地方，如果有的话也可以从相同之处入手“破局”。

以话试探，可以询问，亦可以自言自语。谈话中，要注意避免问及对方薪水、年龄、婚史、小孩多大了等敏感问题，那是对方的隐私，贸然去问，显然是极为不礼貌的。

非常有效的一个方法是向对方请教某个问题，征求建议，比如知道对方是一名园艺专家，可以向对方请教：“您是园艺专家，我想把花园中一年生植物改种多年生，您说种什么好呢？”绝大多数人遇到有人向自己请教自己所擅长的问题，都是会给予热情回答的，这样，良好的交谈就可以由此展开。

假如一时之间实在找不到合适的话题，可以就一些比较大众的问题展开话题，比如可以就当下热门的政治、经济、体育、明星等新闻为突破口，打开话题，但要避免谈论已经问过或者容易引起争论的话题。

谈话中，如果发现某个话题不合适，要赶紧转移到另外一个话题，要一个话题到另一个话题去试，直至找到对方感兴趣的话题。

还要记住的一点是：当你想尝试说服他人，或者是对他人有所请求时，最好不要开门见山直接说出请求，也是要由对方可以接受、感兴趣的话题入手，引导对方一步步赞同你的想法后，再说出你的请求。这时候，事情才有很大的成功几率。

古罗马著名诗人西拉斯说："我们对别人产生兴趣的时候，恰好是别人对我们产生兴趣的时候。"所以，一个真正性格好的人，在人际交往时，总是主动、积极观察对方，努力寻找合适的话题，以引起对方的兴趣，拉近和双方的关系，为建立良好人际关系打下良好基础。

第八章

性格好的人，在做人上懂得给人面子

给面子就是给人情，这是世俗的潜规则。虽然可能你已经不记得有意或者无意伤害过谁了，但是，被你伤害过的那个人却多半是不会忘记你对他的伤害。所以，我们不能只爱自己的面子，还要学会关照他人的面子。

给面子，就是送一份人情

看下面这个事例：

有家公司老板带着三个得力下属去打高尔夫。前两个下属先打，都表现得十分差劲，第一位把球打出了只有20米，第二位甚至把球打到了水塘里。老板拿起杆，问第三位下属："你能把球打到80米对面的那座斜坡上吗？"

这位下属毫不犹豫地回答："当然能！"说罢啪地一杆，球飞出了一道优美的弧线，足足有100米远，完成得十分出色。他得意洋洋地望着老板，可是，看到的却是老板的一张苦瓜脸。

第三个下属性格有缺陷，他不明白，这种场合，本来是让老板满足自己虚荣心，展示领导权威的机会。他却自以为是地想表现一下，还以为能在老板面前讨个头彩，留下好印象，没想到却驳了老板的面子，坏了老板的心情，实在是情商偏低。

面子不是某个人特有的，而是每个人内心的自尊需求，所以要面子的心理人人都有。而有了面子，人就高兴；没了面子，人就难受，就成为再正常不过的事情了。这就要求在人际交往中，要尽量照顾到对方的面子，给对方面子，这样对方就会因有了面子而高兴，进而会对你产生好感，对你的所需、所求，都尽量予以方便和满足。

相反，如果不注意维护、照顾对方的面子，甚至让别人丢了面子，那么必然会惹得对方不高兴，原先积攒下来的人情可能也就会因此而失去了。就像前面那个不知进退的下属，卖弄聪明，让老板丢了面子，可以想象他在老板心目中的位置必然会随之下降。

所以，在公众场合，不妨适当恭维一下别人，即使对方知道你说的不是实话，但由于你让他有了面子，他也会感激你的这份善意，从而更愿意与你接近，亲近你。同理，尽管你知道对方在说谎，但如果没有伤害到谁，也尽量不要揭穿对方，甚至还可以适当予以配合，给对方一个面子，这样有利于你们关系的维护和发展。

同事穿了一件新衣服上班来了，你不禁赞道："很帅气呀，新买的吧，肯定不便宜吧？多少钱？"同事美美地笑了："哈哈，你猜多少钱？"

你知道这件衣服市场价格肯定在二三百元之列，可是你却猜："这样的衣服现在正流行，质地和款式都不错，肯定不便宜，得七八百吧？"同事听了，笑得更加开心了，说："可不，花了我六百大洋，市场价，心疼死我了。"

你知道同事说了谎，可你不但没有揭穿，反而说道："衣服是不错，穿在你身上更看出来了，值这个钱，别心疼了。下次买衣服，我找你去。"

同事笑呵呵地说："好啊，没问题，愿意为陛下服务，为陛下服务是我的荣幸。"

虽然你说的是假话，但这是善意的谎言，不但没有伤害到别人，还照顾了他人的情绪，给了他人的面子，因此，赢得他人的好感是很自然的事情。假如你实话实说，又能获得什么结果呢？除了会让对方尴尬，破坏了你们原先的友情外，恐怕什么也得不到吧？

给面子的方式有很多，除了适当恭维对方外，还有记住对方的名字，并以恰当的方式说出来；在不违反做人做事的原则下，适当配合对方。这不止是礼貌，更是一种尊重，会让对方感觉很有面子。再比如，在对方说话时，不管你听得懂听不懂，都要认真倾听，这也是给对方面子，对方同样会因此感激你。这就是会做人。

面子就是人情，给了面子，就相当于送了一份人情给对方；而不给对方面子，就破坏了人情，让对方不满意你。因此，为人处世，要学会说一些让对方感到有面子的话，这会让你的人际关系少一些矛盾、冲突，而多一些和谐、和气。

凡事留一线，日后好相见

人非圣贤孰能无过，错误、污点人人有，不必为此大惊小怪，更不应该当众点破。有一类人在发现了别人的错误或者污点后，不知替人隐瞒，反而大肆张扬出去，弄得人人皆知。而他好像完成了一项重大使命似的。显然，这样的做法是极不明智和极端错误的。这是性格存在缺陷的一种具体表现。

俗话说："人要脸，树要皮"，人人都爱面子，都注重对自己面子的保护。如果自己不光彩的地方被人披露出来，当事人自然会感到颜面大失。追本溯源，他会将这种懊恼之情转化为怨恨之情而加注到披露人身上。这样，披露人就为自己惹来了麻烦。

真正性格完善的人从来不会给自己惹来这种麻烦事，他们深知保护人隐私的重要性和重大意义，所以，在处理这类事情时，他们总是小心翼翼，竭力让自己眼明、心亮、嘴巴严，并在此基础上，巧妙对待，既解决了问题，又保全了面子，可谓明智。

在获知了对方的隐私后，如果不懂得保全人的颜面，抱着幸灾乐祸的态度将之宣扬出去，势必给当事人造成难堪，试想一下，这样对你又有什么好处？如果你真的能从中得到快乐，乐在其中，那么你成了一个什么样的人？

况且，你未必真的能让对方走投无路，即使你给对方造成了很大的麻烦，那么对方也必然不会"坐以待毙"，有可能不择手段地反抗，甚至报复，这是自然而然的事情，这样你就给自己惹来了不必要的麻烦，可以说，你的麻烦完全是自找的。

正如将老鼠关在房间内，不让其逃出，那么为了求生，或者为了泄愤，老鼠会咬坏屋内的器物。而放它一条生路，它自然是逃命要紧，便不会对你造成伤害。

常言道：与人方便，自己方便。你何苦为难他人，而给自己也带来麻烦呢？低头不见抬头见，假以时日，如果你授人以柄，你又希望对方怎样对待你呢？不要说没有这么可能，世上没有绝对的事，三十年河东，三十年河西，什么事都有可能发生。

世界很大同时也可以说很小，地球是圆的，山不转水转，后会有期的事常有发生，你今天得理不饶人，步步紧逼，让对方走投无路，日后时过境迁，你落在了下风，一旦狭路相逢，当初的咄咄逼人将有可能落在你身上。只不过那时的角色互换了。你可能就要为自己狭隘的性格买单了。

假如，对方已经“无理”，而且自知理亏，在“理”已明的情况下，你站在一定高度，给对方一条“生路”，对方如果明理，自然会心存感激，念你一份好，这样你就为自己积下一份感情债。

著名作家梁晓声的母亲与邻居卢婶家因房屋占地情况闹了矛盾，起了纠纷。梁晓声知道后，首先做母亲的工作，让母亲理解卢婶在自家窗前接出一间房子的事情是可以理解的，因为她家人口多，实在是无法住下。同时批评母亲态度不友好。

然后，他又来到卢婶家，代替母亲给卢婶道歉，说自己的母亲说话不中听，态度不好。在一番道歉之后，卢婶全家也向梁晓声一家表达了歉意，承认自己家的做法确实不太妥当，有错在先。就这样两家又和好如初，成了好邻居。

正所谓：凡事留一线，日后好相见。这是为人处世的一条重要准则，是处世的准则和智慧。性格完善的人无不遵循此准则行事，把人情蕴含在理解和包容中。那些识破却点破的人绝不是真正性格完善的人，他们距离性格完善还很远，他们自诩聪明，实则愚蠢得很。

帮人下台阶，获得对方好感

在社交场合，每个人都展现在众人面前，所以也都不由自主地格外注重自己的社交形象，都会比平时表现出更为强烈的自尊心和虚荣心，在这种心态下，如果有人使他下不了台，他会产生比平时更为强烈的反感，甚至和对方接下深仇大恨，不死不休。

同样，也是在这种心态的支配下，如果有人给他提供了下台的台阶，保全了他的面子，维护了他的自尊，那么他就会感激不尽，视对方为人生中的贵人、恩人。这两种截然相反的情形，对于他们以后的交往，将会产生深远的影响。

所以，为人处世，如条件允许，适时地为陷入窘迫境地的对方提供一个恰到好处的“台阶”，使他不丢面子，保住自尊，这样相当于送他一个人情，不仅能使你获得对方的好感，而且更有助于自己树立良好的社交形象。这也是会做人的表现。

帮人下台阶是需要讲究技巧的，时机要合适，理由要恰当，说辞要稳妥，还要注意方法，这样才能恰到好处地帮人下台阶，较为合适地将对方从尴尬的处境中“解救”出来。

（1）要不露声色。

很多时候，帮人下台阶时不宜大张旗鼓，直白说明，而要不露声色给对方暗示或者稍作提醒，让对方心领神会即可，避免让对方更尴尬，脸上无光，这样，对方会由此更加感激你的善意。

一次宴会上，一位外宾吃完最后一道茶点，顺手把精美的景泰蓝食筷悄悄放入自己的口袋。服务小姐见状不露声色迎上前去，双手擎着一只装有一双景泰蓝食筷的绸面小匣说：“先生对我国景泰蓝工艺颇有爱不释手之意，非常感谢您的赏识。为了表达我们的感谢之情，经餐厅主管批准，将这双图案最为精美的景泰蓝食筷送给您，并按‘优惠价格’记在您的账上，您看好吗？”

那位外宾随即明白眼前这位服务小姐这些话的弦外之音。在表示了谢意之后，他说自己多喝了几杯“白兰地”，头有些发晕，误将食筷放入口袋，借此下了“台阶”。

你看，帮人下台阶，就是给了对方面子，维护了对方尊严，也给了其改正错误的机会。下了这个“台阶”，他便在双方的默契之中保住了自己的形象，自然会因你的好意而心存感激。你们的关系也就会由此“更上一层楼”。

（2）语言要幽默风趣。

一个业务员中午请一个客户吃工作餐，客户点了一道“蚂蚁上树”的菜。服务员把菜端上来后，客户发现“蚂蚁上树”的菜里只有粉丝而没有肉末，于是就故意问服务员：“这道菜叫什么名？”服务员仔细一看明白了，不好意思地回答：“蚂蚁上树。”客户大声问：“那就怪了，怎么只见树，不见蚂蚁呢？”

见服务员一脸窘色，业务员急忙打圆场：“是不是蚂蚁太累了，还没爬上来？给老板说说快给我们换一盘爬得快的蚂蚁。”一听这话，服务员如释重负，赶紧将这盘“不完整”的菜端了下去，换了一盘名副其实的“蚂蚁上树”。

业务员幽默的话语，一方面既缓解了紧张的气氛，另一方面又让服务员找到了较为体面的下台契机，急忙怀着感激之心弥补过失。

（3）制造轻松气氛。

当尴尬或僵局出现时，矛盾双方往往会在一些问题上互不相让，气氛紧张。在帮助双方打圆场，提供台阶给对方下的过程时，可岔开他们的话题，将他们的注意力引导到一些轻松、愉快的话题上面来，制造一种轻松的气氛，让双方的情绪平缓下来，这样就会缓和尴尬的局面，使交际活动得以顺利进行下去。同时，双方也会领会你的良苦用心，从而对你心存感激。

（4）不要厚此薄彼。

有时候，争执的双方孰对孰错，很难说清。这个时候，要从理解争执双方此时的心理和情绪出发，不要厚此薄彼，以免加深双方的差异，增大矛盾。交了一个，开罪一个，从来都不是明智之举。正确的做法是先对双方的优势和价值都予以肯定，然后在此基础上，再拿出双方都能接受的方案，这样就不至于交了一个，得罪另一个。

正所谓救场如救火，给人下台阶就如救场，可见其至关重要。台阶提供适当，对方保全了面子，维护了自尊，自然会将你的这份人情记在心里，而你也就积攒下了一笔人情债。

倾听比倾述更让人倾心

认真倾听对方谈话是对说话一方的尊重，体现了你的文明素养，也说明了你性格完善的一面，它的好处是显而易见的，对方认为自己获得了尊敬，获得了重视，有了面子，从而愿意跟你交谈、交往，正因为如此，成功学大师卡耐基才说："最出色的沟通艺术，是会听而不是会讲。"

关于倾听的重要性，卡耐基在他的作品中举过这样一个事例来说明：

早些时候，我曾被邀请参加一次桥牌的聚会。对我来说，我并不了解桥牌，碰巧的是，还有另一位不会玩桥牌。她是一位漂亮的女士。她对我有一些了解，知道我曾一度做过汤姆斯的私人助理，那时候汤姆斯在欧洲各地旅行，而我则负责帮助汤姆斯录下他沿途上的所见所闻。在我们互相介绍后，她便对我说："卡耐基先生，能不能请你告诉我，你所看到的离奇景色，和你所经过的名胜有哪些地方？"

我们聊得很投缘，当我们在旁边沙发椅上坐下后，就聊到了她和她丈夫的一次非洲之旅。我当时对这位漂亮女士说："我总想去一次非洲，可是除了在阿尔及尔停留过24小时外，非洲其他地方我就没有去过，你有没有去了值得你缅怀的地方，那是多么幸运，我真羡慕你，关于非洲的情形你能告诉我吗？"

这位女士似乎受到了莫大的鼓舞，她开始不断讲述她们在非洲的见闻，并且不再问我看见过什么东西，或是到过什么地方。她一个人讲了45分钟的非洲故事，而我则安静的倾听，使她能扩大她的“自我”，而讲述她所到过的地方。

谈话结束后，我们都很愉快，我听了一个有趣的故事，而她则重温了一段难忘的经历。

有人愿意倾听让这位漂亮的女士打开了她的话匣子，从畅所欲谈中她获得了一种自重感，心情由此变得极为畅快。可见，从一定角度讲，倾听也是谈话的一部分，真正的谈话高手往往都是很少说话的倾听者。

当别人流畅地谈话时，随便插话打岔，改变说话人的思路和话题，或者任意发表评论，都被认为是一种没有教养或不礼貌的行为。即使对方说话内容很多，或者由于情绪激动等原因，语言表达有些零散甚至混乱，甚至有些内容是你不想听的，你都应该耐心地听完他的叙述，千万不要在别人没有表达完自己的意思时，随意地打断别人的话语。

需要注意的是，倾听不是只将声波收进耳朵就可以了，它也是要有所讲究的，其中一点很重要，就是无论你能否听懂，都要做到认真倾听，而不要魂不守舍、心不在焉。如果是那样的话，虽然你在倾听，但你的表情会将你出卖，对方会因此认为你不尊重他，不给他面子，从而变得兴趣索然，不愿继续交谈下去，严重者甚至会怀恨在心。

事情既然做了，就要尽量做出好样子。倾听也是如此，既然选择听对方说话，就要认真去听对方在讲什么，虽然可能听不懂，或者不感兴趣。著名心理学家狄金森曾说：“好的倾听者，用耳听内容，更用心听情感。”可见，倾听并非只用耳朵就可以，还应该包括所有的感官，你的眼睛、你的神情、你的肢体动作、你的心。

如果真的认为对方的谈话没有什么意义，或者你真的有事而不能倾听，可以通过适当的方式暗示对方，有礼貌地中止谈话，也可以有礼貌地直接提出来。“对不起，我很想听你的看法，但是今天还有两件事情必须马上处理。”

这样对方不会认为你不给他面子，反而会认为你很有素养。但是如果你什么也不说，却在听的过程中开小差，那么对方自然就会认为你不尊重他，不给他面子，从而不会待见你。

认真倾听对方谈话事关一个人的文明素养和性格完善，绝不仅仅只是听懂还是听不懂的问题。所以，你一定要端正态度，认真倾听。

能捧场要捧场，能回避不拆台

民间有句谚语叫“花花轿，人抬人”，意思是朋友和同事之间要相互捧场、抬举。实际上，相互捧场不仅仅在朋友、同事之间需要，就是陌生人之间，这种需要也是经常存在的。现代社会是人情社会，需要相互捧场、抬举的事情常有发生，每当这个时候就要遵守这个“游戏规则”，尽量给对方面子，捧对方的场，抬对方的花轿。这是会做人的一种表现，也是真正性格好的一种体现。

比如朋友的新店开业、孩子考上了好大学、加薪了、职位提升了，等等，这个时候，你没有道理不去庆贺一下，美言几句，送一些礼物，总之，一定要捧一下对方的场。如果你不去，就是不给对方这个面子，会让对方猜疑你是否怀有什么阴暗心理。

当然捧场不单指在语言上赞美对方，支持对方，还包括做实事支持对方。如果只停留在嘴皮上，不免给人留下敷衍塞责、油腔滑调、不办实事的印象。

相互捧场和帮助在现代社会是十分有必要的，它可以让人在遭遇困难的时候坎坷变坦途，同时，也会促进人际关系和谐。

A组的项目经理向公司申请一个项目。事先他已经利用业余时间对这个项目的相关情况做了详细的调查，已经有了一定的基础和把握。虽然如此，由于该项目在国内尚属新事物，没有几个成功的经验，因此有较大的风险性，所以在讨论会上，总经理犹疑不决。多数与会者持观望的态度，没有一个人明确表示支持。

就在这个时候，另外一个小组的经理站了起来。对于这个项目他有所了解，对A组经理的付出他也很清楚，同时他也知道，如果没有人支持，出于安全考虑，这个项目很可能就被否决。他决定支持A组经理。他诚恳地表达了自己的想法，同时又表示愿意与A组经理共担风险。

总经理见有人如此坚决支持，也就转变了看法，其他与会者见风使舵，也都纷纷表示支持，虽然只是口头上的。最后，这个项目得以在研讨会上通过。

事后，A组经理特意向大力支持他的那个小组经理表示感谢。他清楚地知道，如果没有对方大义凛然的鼎力支持，那么他这个项目极有可能就胎死腹中了。此后，两人成为志同道合的朋友，工作中相互支持帮助，生活中友好往来，建立了深厚的友谊。

需要注意的是，不要将这种捧场视为一种利益交换，一种损公肥私，要知道，它是有原则要求和行为底线的，它需要兼顾公正、公平，而不是私下里的肮脏交易。它要求我们在即使无法获得利益的时候，也要给予对方应得的支持和帮助。

有的时候，出于某种原因，不想给对方捧场，或者不便于捧场，那么，这个时候，如果能够回避的话，就尽量回避，而不要去有意找对方的麻烦，“拆”对方的“台”。因为那样的话，势必引起对方的怨恨，从而结下“梁子”。

相互帮助，相互捧场，不拆对方的台，会更容易搭建人脉，获得他人的帮助和支持，从而让自己的事业更加顺利。正因为这样，真正性格好的人，从来都知道适时给人捧场，给人台面，照顾对方的面子，在交往中一点一滴积累“人缘”。

这样的处事方式无论在生活，还是在工作中，都有百利而无一害，顺水人情不做，非要做给人留下坏印象的刻薄之徒，这不能说明你标新立异，只能说明你性格不够完善。

第九章

性格好的人，在做人上精于吃亏艺术

事情往往是这样：最初占便宜的那个人未必是最终占便宜的人，而主动吃亏的人却往往会有其他方面的大收获，所以，性格完善的人总是主动先让自己吃点小亏，然后会在合适的时候顺理成章占得最后的大便宜。

吃得完的亏，占不完的便宜

相信每个人都不情愿吃亏，但是有很多人却选择了吃亏，因为他们相信有些亏吃多了，总有厚报。而喜欢一贯占便宜的人，赢了微利，最后定会失了大贵。

亏，总有一天可以吃完的，无论是谁，都不可能永远吃亏。因为世界上还没有只让人吃亏却占不到任何便宜的事情。可是便宜却是永远也占不完的。人的欲望是无限的，占了这个便宜，还想占那个便宜；占了这种便宜，还想占那种便宜。便宜是永远都存在的，也是永远占不完的，问题的关键在于人。

大多数人之所以不愿意吃亏，是因为没有勘破吃亏的真谛，更不认同吃亏是福的信条。实际上，吃亏中蕴含着深刻的人情事理，体现了简单朴素的自然哲理。愿意吃亏的人往往都是智者，他们将吃亏视为一种恩泽，愿意吃亏，而且通常可以在吃亏中感悟到一种智慧，同时也能够在吃亏中得到自己的利益，有所得。

曾有人问李嘉诚的儿子李泽楷："您父亲教了你一些如何成功赚钱的秘诀吗？"李泽楷回答：父亲没有教我任何赚钱的方法，只教了我一些为人做事的道理。其中有一条是：和别人合作，假如拿七分合理，那么拿六分就可以了。

能拿七分，却甘愿只拿六分，这不是吃亏吗？从眼前来看，确实是吃亏了，利益受到了损失，可是这个问题却不能这么看，钓鱼尚需要鱼饵，何况在这世上行走做交易。世上没有真正的免费午餐，无论什么事都需要付出代价，只不过是代价大与小而已。

有这样一个笑话很有启发意义：

有个人整天见人就傻笑，人们都说他是个傻子。为了试验他，人们见到他，就往地上扔两个硬币：一个是一元的，一个是五角的。然后对他说：傻子！捡起来。只许捡一个啊！

这时傻子就傻笑着把那个五角的硬币捡起来，久而久之所有的人都知道了有这样一个傻子，于是见到他的人都要试试看他到底是怎么傻法。

有一天，一个好心人对傻子说：你呀，应该将那个大的硬币捡起来，这样就能多得到些钱了。

傻子说了句让他大跌眼镜的话：要是我捡了那个大的，就再也不会有人扔给我硬币了！

到底是人们认为的傻子智商低，还是自以为聪明的人傻呢？很明显，傻子才是大智若愚的人，表面吃亏，实则占便宜，真正吃亏的人是那些试验他的那些人。笑话虽短，可道理却很深刻，绝不仅仅是看过一笑而已。

情愿吃亏往往让很多人愿意与他合作，拿上面能拿七分只拿六分为例，虽然只拿六分，但是却多出一百个合作者，那他现在能拿多少个六分？假如拿七分、八分，一百个合作者变成了了五个，算一算账，就可以知道是吃亏了，还是占便宜了？

一些富有远见的人在与他人合作时，总是情愿自己少分一点儿利润。如果没有什么利润，干脆就分文不取，愿意吃亏。正是这种甘愿吃亏的做事态度，让他们获得了合作者的高度认同，从而乐于与他们合作，致使他们的生意越做越大。

吃亏，肯定是有尽头的，无论是甘愿吃亏，还是被动吃亏。而且，还肯定会苦尽甘来，最终会转化为大便宜。而占便宜却让人欲望不断增强、膨胀。欲望的不断膨胀会加重身心的负荷，不断膨胀下去，总有一天会让身心无法负荷。结局也肯定是悲惨的。一个性格真正好、真正完善的人，自然懂得这里面的道理，也自然会知道该怎么去做。

吃了小亏，得了厚报

吃亏是辩证的，实际上也就是得失的辩证之道，很多人都陷于得失的斤斤计较之中，不肯吃一丁点小亏，都想占到便宜，因此争名夺利、尔虞我诈就成了家常便饭，长此以往，就给人留下奸诈、不厚道的印象，最终落得众叛亲离、一事无成的境地。

实际上，很多亏是可以吃的，而且不但不是件坏事，还往往是好事，要不怎么说吃亏是福呢？有的时候看似一件很吃亏的事，往往会变成一件很有利的事，生活中这样的事不少见。暂时的退让、暂时的损失都不能看作是真正的吃亏，而是为了选择更好的东西，为了达到更高的目标。因此，严格来说，这种吃亏并不算作真正的吃亏，准确说是能讨回大便宜的亏，这样的亏还算作亏吗？可以说是：小处吃亏，大处收益；暂时吃亏，长远收益。这样的亏恐怕所有人都很愿意吃吧？问题的关键是并不是所有人都有这份眼光和胸襟。

李嘉诚就是个很愿意吃这种亏的人，他性格中蕴藏着吃亏是福的精髓。他曾这样道出吃亏是福的精髓："有时看似是一件很吃亏的事，往往会变成非常有利的事。"

吃亏的过程就是在积攒人脉、蓄积人情的过程，等人脉、人情积攒到一定量时，就可能发挥出正能量来，正所谓厚积薄发是也。极有可能你成功的天窗就会因此而敞开。

事实上，世上没有哪一种成功是轻而易举就能获得的，它需要你付出一定的代价，而这种代价就是所谓的吃亏。性格完善的人更容易取得成功，大部分原因就在于他们肯付出代价，肯吃这种亏，最终以自己的小损失换来自己的大成功。

下面是个经典的例子：

联合国刚刚筹划成立时，还缺少办公的地方。由于启动资金极为有限，各个成员国由于还没有品尝到成立该机构的甜头，另外，再加上地主家也没有余粮，自己的日子也不是那么好过，因此都不愿意掏钱。因此这个问题成为了横亘在该国际机构面前的巨大难题。

就在这个节骨眼，著名的洛克菲勒家族在获知消息后，经过商议，决定帮助联合国解决这个难题。他们相中了纽约的一块地皮，并最终用 870 万美元将其买下，然后无偿送给了联合国，没有任何的要求和附加条件。

在做下这个壮举的同时，洛克菲勒家族还将毗邻这块赠送给联合国地皮的大面积地皮一举买下。当时，洛克菲勒家族的这一举动让很多大财团感动不解，要知道，870 万美元对于那个时候经济萎靡不振的美国，甚至世界来说都是一笔巨款，而洛克菲勒家族却将其赠送给联合国，而且是没有任何要求，无偿赠送，这等于白白损失了 870 万美元。因此这些大财团都纷纷断言，如果这样行事的话，著名的洛克菲勒财团不需几年就会变成穷鬼。

可是几年后的事实让这些大财团大跌眼镜，联合国大厦刚一落成，毗邻的地皮价格开始飞涨起来，速度之快令人咋舌，洛克菲勒家族成了最大的受益者。那些曾经断言过洛克菲勒家族将变成穷鬼的大财团这一次闭口无言了。

为人不要只盯着眼前，要眼光放长远，正所谓风物长宜放眼量。盯着眼前这点小损失，吃的这点小亏，必然让自己的格局变小，让你放不开手脚，斤斤计较，做事畏首畏尾，最后只能让自己的成就很有限，甚至可能一无所获。

不要让你狭隘的性格阻碍了你的发展。要秉持吃多大的亏，就有多大的世界的理念行事，打开胸襟，放远眼光，不拘泥于小失小得，将风轻云淡放进心中，不受世俗所羁绊，着眼于未来，豁达前进，最终定会有大的收获。

把吃亏当作一种隐形投资

卡耐基曾说："始终挑剔的人，甚至最激烈的批评者，都会在一个有忍耐和同情心的倾听者面前软化降服。"从中可见，一个有忍耐和同情心的倾听者有十分巨大的人格魅力。

很多人都认为有忍耐精神和同情心性格的人多半都很傻，做事容易吃亏，可是无数的生活事实告诉我们，那些在我们看来，逆来顺受、做事经常吃亏的人往往却是生活、事业方面的大赢家。是我们的眼光有问题？还是事出偶然呢？原因到底在哪里呢？

原来，原因出在人们的看法上，是人们错看了有这类性格特征人。在人们看来，吃亏就是吃亏，吃亏就是损失了自己的利益。而在那些赢家看来，吃亏只是表面现象，适当的吃亏是一种隐形投资，可以为自己带来长久的好处。事实真的是这样的吗？

枫溪是一名熟练的设计人员，手下有两名助手。一次，他为一个大客户设计了一个方案。就在他满怀信心准备继续将方案完善时，经理却让他把这个项目交给另外一个同事来做，设计好的方案也要上交给那个同事，理由是那个同事与这个大客户的关系更好，争取到项目的把握更大一些。

眼看着自己的劳动果实被他人"抢走"，美好前景化为了泡影，"吃亏"的枫溪不但没有丝毫怨言，还爽快地将自己精心制作的方案毫无保留地交给同事，并且还真诚地提出自己的修改意见。最后，这个同事不负众望，将这个项目成功揽到手。

虽然这个项目不是在枫溪的主持下完成的，但是在论功行赏中，公司依然没有忘记枫溪的付出，给予了他一定的奖赏，并且还将一个重要的培训机会给了他。公司看重并欣赏的是枫溪的工作态度和行事作风。

无疑，枫溪的行为彰显了他的高风亮节，他那种“牺牲小我，成全大我”的“吃亏”精神最终给他带来了莫大的好处。实际上，如果枫溪坚持不将自己的项目和方案拱手相让，他也可能完成这个项目，可是，那样的话就得罪了领导和同事，破坏了公司的团结，势必会给自己今后的工作设置障碍，这样，表面上看成功了，有所得，但从长远来看，则是彻头彻尾的失败。可以说，得到的是眼前小利，失去的却是“长治久安”。

正因为如此，枫溪的选择才看出他的高明，表面上看，他吃亏了，失去了一次成功，但实则他获得了更多：同事的感激、领导的肯定、公司的栽培。可以说，他用自己的一次“吃亏”换来了今后更大的成功机会。

在一个到处都充满竞争的商业社会里，对一个渴望成功的人来说，要做到甘愿吃亏，还真是不容易，不过凡事都有两面性，吃亏这件事也是如此，如果在工作中，由于你的谦让，你的让步，团队获得了成功，赢得了荣誉，公司获得了利润，那么，你的吃亏就是有价值的。

对于这样的吃亏，同事们心里有数，老板心里亦有数，你的形象必然会得到提升，你的人品价值必然会增值，在事业上你升迁的机会可能会由此大增。

这种情况下，你还能说自己是“吃亏”的吗？你的一时吃亏成了你日后的隐形投资，并且这种投资以小博大，起到了杠杆的作用，真可以说一本万利，正应了那句古语：吃亏是福。聪明的人要主动吃这种亏，并把这种亏当作自己的一种隐形投资，为自己赚得未来。

任何时候，事情都不是绝对的，绝对的好事或者坏事都是不存在的，好事有可能转化为坏事，坏事也有可能转化为好事，山不转路转，变化是始终存在的。

从一定角度和意义上看，吃亏是一种有度量的体现，你不妨试着吃亏几回，让别人看到你的度量，自然就会赢得他人的钦佩。当你遇到困难时，别人也乐于向你伸出援助之手。所以，不肯吃亏未必就是好事，而肯吃亏未必就是坏事。如果肯吃亏，又善于吃亏可能就是好事了，也是性格完善的一种体现。

要主动吃亏，不要被动吃亏

先说说主动吃亏，人际交往中要想让别人欠你人情，就要学会吃亏，但吃亏一定要吃在明处，而不是吃在暗处，更不是吃哑巴亏。人常说“吃小亏占大便宜”，所谓大的便宜其实更多时候指的是人情。

吃亏，自然不是什么好事，但吃亏的后果，却不一定是坏事。

有两家互为邻，一天夜里，一家偷偷地将隔开两家的栅栏向另一家移动一点，以便让自己的院子宽一点，没想到这一不光明的行为恰好被另一家看到了。等移动栅栏的人离开后，另一家将栅栏又往自己这边移了一些，使那一家的院子更宽敞了。这一家发现后，很是惭愧，不但还了侵占另一家的地，而且还将栅栏往自己这边移了一些。

这家主动吃亏，让另一家因此感到愧疚，因而加倍报答这家的人情。

亏，不能乱吃。有的人为了息事宁人，去吃亏，吃暗亏，结果只是“哑巴吃黄连，有苦难言”。亏，要吃在明处，至少你应该让对方心中有数，上面的例子就告诉了我们这一点。虽然那家人什么都没说，但是这家人却心知肚明，甘愿改过。

可见，吃亏要看准其背后潜在的价值，善于去吃亏，敢于去吃亏，舍得本钱，才可有大的收获。如果患得患失，不敢吃亏，不善吃亏，可能就真的吃亏了。

可是在我们的生活中，没有几个人会愿意主动吃亏，能够做到主动吃亏的人太少了。这不仅仅因为人性的弱点，让人很难放弃自己的利益给别人，也因为大多数人缺乏高瞻远瞩的战略眼光，不能舍弃眼前小利而争取长远大利。

有个私营老板，没有文化，也绝对没有背景，但生意却出奇的好，而且历经多年，长盛不衰。说起来他的秘诀也很简单，就是与每个人合作分利的时候，他都只拿小头，把大头让给对方。如此一来，凡是与他合作过一次的人，都得到了他的甜头，都愿意与他继续合作，而且还会介绍一些朋友，再扩大到朋友的朋友，都成为他的客户。虽然他只拿小头，但所有人的小头集中起来，就成了最大的大头，他才是真正的赢家。

有些时候，吃亏是福。吃亏你就成了施者，而对方则成了受者，看上去是你吃了亏，他得了益，然而对方却欠了你一个人情，在友谊、感情的天平上，你已加了一个筹码，这则是比金钱、财富更值得珍视的东西。这就能最大限度调动别人的积极性，就能帮助你的事业兴旺发达。

要注意的是，并不是所有的吃亏都会获得这样的效果，被动吃亏就是如此，它得到的结果往往就是上面所说的“哑巴吃黄连，有苦说不出”。什么是被动吃亏呢？被动吃亏是不得已、不情愿、被逼无奈付出的代价。

生活中，下面的事情不是经常发生吗？一些人处处占先、处处想讨便宜，这样的人多半没有真正的合作伙伴和朋友，因为谁也不愿意和这样的人常接触、常往来，合作几个来回就再也不想与他们合作和往来了，合作伙伴一个个离开，这样一来，他们就吃了大亏。

这样的吃亏就是一种被动吃亏。虽然被动吃亏看起来来自于别人，但根源还在于自己身上，如果自己不处处想占便宜，别人又怎么会孤立自己呢？

主动吃亏最终得到是可能是大便宜，可被动吃亏最终得到是一定是真正的亏。主动吃亏是一种高瞻远瞩的战略，而被动吃亏只能是一种鼠目寸光的短视，所以说真正性格完善的人份常常主动找亏吃，从不被动吃暗亏。

敞开胸襟，把阳光引进心底

看下面这则小寓言：

田野里生活着一灰一白小老鼠。它们是一对好朋友，友谊深厚，每天都在一起，有事相互商量，相互帮助。它们生活辛劳，一天天忙碌不堪，生活虽然很平淡，不过还算滋润。

一天它们一同去森林找食物，意外地发现了一箱珠宝，它们十分兴奋。它们不约而同地想，有了这箱珠宝，后半辈子完全可以过上衣食无忧的生活，因此，它们决定把这只珠宝箱运回家。它们用尽力气轮流背着那只沉重的箱子向家走去。由于走得不快，回家的路显得那样漫长，它们觉得又累又饿，只好停下来歇一歇，找些食物填饱肚子，有了力气再走。它们商量决定，白老鼠负责找食物，而灰老鼠负责将那箱子珠宝看好。

白老鼠拖着疲惫的身子一边寻找吃的东西，一边想那只珠宝箱运到家后，得分给同伴灰老鼠一半，要是那一箱子珠宝都属于自己那该是件多美的事呀，这样自己的后半生不但衣食无忧，而且可说是荣华富贵。它心里开始对同伴灰老鼠怨恨起来，它恨灰老鼠要分走自己一半的珠宝。它大脑中忽然冒出一个想法，如果将灰老鼠杀死，那么自己不就可以完全拥有这一箱子珠宝了吗。它越想越高兴，禁不住哼起了小曲。它进一步琢磨，该用什么办法杀死灰老鼠呢？它忽然发现有人在地上放了毒饵，于是它心有灵犀地赶紧将毒饵放进手中的食物中。它设计好了，回去后，就说自己已经吃过了，这些食物是给灰老鼠吃的，多么得天衣无缝，灰老鼠怎么会想到自己会害它呢。它觉得，那箱珠宝马上就要属于自己了。

这边灰老鼠静静地看守着那箱珠宝。它心里也逐渐有了贪欲，它想，要是同伴白老鼠不回来那该多好啊，如果那样的话这箱珠宝就完全属于自己了。进而又想，即使白老鼠回来了，同样也可以想办法杀死它。打定了主意定，它便寻求杀死白老鼠的最佳办法。

它偶然发现了人放在树底下的鼠夹。它灵机一动，决定利用这只鼠夹将同伴白老鼠杀死。它慢慢地将鼠夹挪到白老鼠回来的必经之路上，并对鼠夹进行了掩盖，确保白老鼠不会发现。

白老鼠兴奋地回来了，它似乎没有关注到路上的杀机，一下子就踏在鼠夹上，鼠夹啪的一下，紧紧将白老鼠夹住，白老鼠痛苦地挣扎了几下，便没了气息。灰老鼠喜出望外。它看了看死去了的白老鼠，说：我们虽然是好朋友，可是我实在是太爱这箱珠宝了，所以请不要怪我。它拾起白老鼠扔在地上的食物，心想，填饱了肚子再抗着珠宝回家。

饿极了的它三下五除二吃完了白老鼠带回来的食物。吃完刚想去扛那箱子，猛然觉得腹中剧烈地疼痛，而且越来越重，很快就痛得它满地打滚，身体不断抽搐，不一会儿就死去了。

虽是一个寓言，却揭示了一个深刻的人生哲理：害人害己。这应了那句话，机关算尽太聪明，反误了卿卿性命。要知道算计别人的同时也要想到别人也会算计自己，一定不要以为就自己聪明，别人都是傻瓜。

也许有人会说上面的例子有些夸大其词，生活中这样的事情很难碰到。实际上这类事情在生活中还真的不少见。因为人人都想占便宜，这便宜从何而来，很明显，从算计别人中得来。因为算计别人才会有便宜可占嘛！不算计别人，何来的便宜呢？

处心积虑算计别人的人，定会患得患失，处处担心，事事设防，内心总是灰色的，心理负担重，身体健康极容易受到影响，心率节奏一般都较快，失眠成为家常便饭。消化系统遭到破坏，气血不调，免疫力下降，容易患神经性、皮肤性疾病，这不是将自己毁了嘛！可谓搬起石头砸自己的脚，吃亏的总是自己。

另外，爱算计别人的人，怀疑之心总是特别重，整天疑神疑鬼，不是担心这个人，就是怀疑那个人；不是顾虑被人家发现，就是担心被人家算计，将自己置于所有人的对立面，不再相信任何人，这样的人何谈成功，何谈幸福？

更为重要的是，就像上面提到的，一心处心积虑算计别人，也未必就一定可以成功，害人还须防人害，天下不是就你一个聪明人。对你的觊觎和阴暗心理，人家也可能早有察觉，因此也可能“算计”你，这样你成功的几率又有多大呢？

路要越走越宽，不是算计别人才能够让自己的路变得宽敞好走，这种认识不但是狭隘的，而且是错误的。是对手多了路好走？还是朋友多了路好走？

答案不言而喻，心底无私天地宽，只有敞开胸襟，甘于吃亏，才能播散阳光，荡尽心底阴暗，也才会让自己生活在信任、祥和的气氛中。